# VIEȚILE SECRETE ALE PLANETELOR

GHID
DE UTILIZARE
A SISTEMULUI
SOLAR

PAUL MURDIN

# VIEȚILE SECRETE ALE PLANETELOR

## GHID DE UTILIZARE A SISTEMULUI SOLAR

Traducere din limba engleză de
**Constantin Dumitru-Palcus**

Editori:
Silviu Dragomir
Vasile Dem. Zamfirescu

Director editorial:
Magdalena Mărculescu

Redactare:
Laurențiu Dulman

Ilustrație și design copertă:
Andrei Gamarț

Director producție:
Cristian Claudiu Coban

Dtp:
Gabriela Anghel

Corectură:
Rodica Crețu
Irina Mușătoiu

---

**Descrierea CIP a Bibliotecii Naționale a României**
**MURDIN, PAUL**
**Viețile secrete ale planetelor** / Paul Murdin; trad. din engleză de Constantin Dumitru-Palcus. - București: Editura Trei, 2020
Index
ISBN 978-606-40-0939-5

I. Dumitru-Palcus Constantin (trad.)

524.8

---

Titlul original: The Secret Lives of Planets
Autor: Paul Murdin



First published in the English language in Great Britain in 2019
by Hodder & Stoughton An Hachette UK company



O.P. 16, Ghișeul 1, C.P. 0490, București
Tel.: +4 021 300 60 90 ; Fax: +4 0372 25 20 20
e-mail: comenzi@edituratrei.ro
www.edituratrei.ro

ISBN: 978-606-40-0939-5

Inginerilor şi oamenilor de ştiinţă
care ne-au arătat lumile îndepărtate

# Cuprins

# Capitolul 1

## Ordine, haos și unicitate în sistemul solar

Dacă ar fi să credem ceea ce ne spun romanele polițiste, viața din satele englezești este în general liniștită și armonioasă, un șir ordonat de evenimente mărunte și neimportante, punctate de drame ce dezvăluie secretele ascunse după perdelele din dantelă de la geamurile unor locuitori în aparență respectabili. O zi la țară cuprinde o listă regulată de vizite făcute de poștaș și de cititorul de contoare electrice, luna cuprinde un program de întâlniri la clubul de bridge și la corul bisericii, iar anul are un ciclu periodic din care fac parte expoziția de flori și produse agricole, precum și piesele de teatru de Crăciun. Dar deodată colonelul este găsit mort în pat, înjunghiat se pare de un fost partener în afacerile nu tocmai curate pe care le făcea în Extremul Orient. Paracliserul este găsit spânzurat de frânghiile clopotului de la biserică, fiind astfel eliminat de către iubitul fostei sale soții de pe lista beneficiarilor unui testament important. Diriginta oficiului poștal este pe urmele unui individ care trimite scrisori anonime răuvoitoare, până când este găsită înecată într-un puț, cu bicicleta trântită în iarbă. Viața liniștită a satului este răscolită, iar secretele ascunse sub suprafață sunt scoase la lumină.

Romanele de genul celor scrise de Agatha Christie sunt versiuni ficționalizate ale vieții reale. Ne-ar plăcea să credem că viața este ordonată și structurată, însă deseori ni se aduc la cunoștință și uneori chiar participăm la evenimente haotice, cum ar fi accidente de circulație, boli, uragane, inundații și atacuri teroriste.

În mod similar, am putea avea impresia că sistemul solar este constant și perfect regulat, asemenea unui ceas sau unui planetariu. Pe termen scurt, așa stau lucrurile. Dar, văzute dintr-o perspectivă mai largă, planetele și sateliții lor au vieți palpitante, pline de drame. Ca și în viețile oamenilor, unele schimbări din viețile planetelor sunt evolutive și treptate, corespunzând cu procesul natural de creștere al oamenilor. Dar uneori aceste schimbări — la fel ca accidentele catastrofale din viețile oamenilor — au efecte dramatice, care aruncă o planetă pe o nouă traiectorie, în sens propriu sau metaforic. Aceste evenimente lasă urme asupra înfățișării și structurii planetelor, iar o parte din misiunea astronomiei este să deducă ce s-a întâmplat. „Prezentul este cheia trecutului", scria despre Pământ geologul scoțian din secolul al XIX-lea Archibald Geikie. Iar ceea ce e valabil desigur pentru Pământ este valabil și pentru celelalte planete.

Viziunea potrivit căreia sistemul solar ar fi asemenea unui ceas și-a atins perioada de vârf în secolul al XVIII-lea. Geometria fundamentală a sistemului solar ca sistem de planete aflate pe orbite în jurul Soarelui a fost propusă de clericul polonez Nicolaus Copernic în 1543 și a fost demonstrată de către fizicianul italian

Galileo Galilei în 1610, cu ajutorul descoperirilor făcute cu telescopul. Legile empirice care descriu proprietățile matematice ale orbitelor planetare (cum ar fi faptul că acestea sunt elipse) au fost stabilite de astronomul german Johannes Kepler între 1609 și 1619. Combinând toate aceste descoperiri, matematicianul Isaac Newton a formulat în 1687 principiile fizice care stau la baza mișcării planetare în lucrarea *Principiile matematice ale filosofiei naturale*, aceasta cuprinzând ideea genial de simplă și exact formulată a legii gravitației.

Modelul newtonian al sistemului solar susținea că acesta era o minuțioasă operă matematică. În 1726, Newton a afirmat că „minunata dispunere a Soarelui, a planetelor și a cometelor nu poate fi decât lucrarea unei Ființe atotputernice și inteligente". Potrivit lui Newton, Dumnezeu orchestrează mișcările sistemului solar și le controlează prin legea gravitației, pe măsură ce planetele înaintează spre viitorul lor.

Acest model al Universului a fost dezvoltat în continuare de succesorii lui Newton, în special de către fizicianul Pierre Simon Laplace. El a demonstrat matematic, pornind de la principiile newtoniene, că sistemul solar este stabil. Fiecare planetă se rotește în jurul Soarelui pe câte o orbită de forma unui disc plat și va continua să facă asta la infinit. Prin urmare, el credea că sistemul solar, odată creat, va rămâne veșnic în aceeași formă. Sistemul solar era considerat ceva etern, care s-a dezvoltat cu inevitabilitate de la începuturile sale.

Laplace a exprimat certitudinea fizicii așa cum omul religios exprimă certitudinea credinței:

> Trebuie să privim starea actuală a universului ca fiind efectul stării sale anterioare și cauza stării care urmează. O inteligență care ar cunoaște toate forțele ce acționează în natură la un moment dat, precum și pozițiile momentane ale tuturor lucrurilor din univers ar fi în stare să cuprindă într-o singură formulă mișcările celor mai mari corpuri, precum și pe ale atomilor celor mai ușori din lume, cu condiția ca intelectul său să fie suficient de puternic ca să poată analiza toate datele; pentru acea inteligență, nimic nu ar fi nesigur, viitorul și trecutul ar fi prezent în ochii săi.

Într-o carte influentă, *Natural Theology or Evidences of the Existence and Attributes of the Deity (Teologia naturală sau dovezile privind existența și atributele divinității)*, publicată la începutul secolului al XVIII-lea, teologul William Paley descria construirea sistemului planetar astfel:

> Forța motoare din aceste sisteme [planetare] este o atracție care variază invers proporțional cu pătratul distanței: cu alte cuvinte, când distanța se dublează, forța scade la un sfert; când distanța se înjumătățește, forța se mărește de patru ori și așa mai departe... În măsura în care aceste principii pot fi cunoscute, cred că se poate spune că am demonstrat alegerea și ordinea presupuse de ele; alegerea, din varietatea nemărginită; iar ordinea, cu privire la ceea ce, prin natura sa proprie, a fost, din perspectiva proprietății ordonate, nelegat și nedefinit.

Paley asemuia sistemul solar (dar și anatomia umană, precum și alte fenomene naturale) cu un ceasornic complicat, bine construit. Pornind de aici, el a dedus că, la fel cum un ceas a fost construit într-un anume fel de către un ceasornicar, fenomenele naturale au fost create de Dumnezeu, Ceasornicarul Divin. Acesta este argumentul teleologic (sau argumentul proiectului inteligent) pentru existența lui Dumnezeu. Pe scurt, argumentul spune așa: fenomenele naturale funcționează foarte bine, potrivindu-se unele cu altele ca și cum ar fi fost proiectate; deci trebuie să fi existat un proiectant; iar proiectantul este Dumnezeu. Raționamentul lui Paley spunea că, dacă găsim un ceas aruncat pe jos,

> inferența, credem noi, este inevitabilă; și anume că ceasul trebuie să fi avut un creator; că trebuie să fi existat, la un moment dat și într-un anumit loc, un meșteșugar sau mai mulți care l-au asamblat pentru scopul pe care constatăm că-l îndeplinește în fapt; meșteșugari care i-au înțeles construcția și i-au proiectat utilizarea.

Acesta era un model liniștitor al universului: trăim într-o lume armonioasă proiectată de o Ființă Supremă. Paley a aplicat această idee la sistemul solar al planetelor, dar s-a concentrat și asupra anatomiei umane — ochiul omenesc, spunea el, arată ca și cum ar fi fost conceput după un anumit proiect, iar proiectantul a fost Dumnezeu. Ideea persistă până în timpurile moderne, iar cartea lui Paley continuă să fie citată.

Secolul al XIX-lea a găsit o teorie naturală alternativă pentru a explica structura corpului uman, anume teoria evoluționistă a lui Darwin. În ființele vii, proiectul este doar o iluzie, deoarece variațiile naturale moștenite de la un părinte sunt transmise generațiilor următoare, dacă variațiile sunt favorabile succesului biologic. Există prin urmare un proces repetat, cu pași foarte mici, prin care structura unui organ biologic se îmbunătățește astfel încât să se potrivească mai bine cu utilizarea sa. Doar aparent organul a fost conceput cu un anume scop. Argumentul din cartea lui Paley este folosit în zilele noastre mai ales pentru a combate teoria evoluționistă darwiniană, adesea în favoarea creaționismului, potrivit căruia universul și, în particular, omenirea au fost create o dată pentru totdeauna de către Dumnezeu.

În biologie, teoria științifică spune că lucrurile vii evoluează — către ceea ce doar pare a fi un proiect anticipat — prin schimbări ereditare infinitezimale, care au ca rezultat ameliorări ale funcțiilor prin intermediul selecției naturale. În fizică, progresele științifice ale mecanicii cuantice au apărut în secolul XX și au aruncat o îndoială postmodernă asupra încrederii lui Paley în funcționarea fizicii pe baza teologiei naturale. Mecanica cuantică a introdus în mod explicit în joc un principiu al incertitudinii: rezultatul unui anumit proces din fizică este în mod inerent incert și nu există nicio inevitabilitate a rezultatului unei schimbări fizice naturale, ci doar o gamă de posibilități, unele mai probabile decât altele.

Acest lucru poate fi observat cel mai ușor în comportamentul lucrurilor mici: electroni, atomi, quarkuri etc.

În astronomie, viitorul lucrurilor mari — cum ar fi sistemul solar — este de asemenea nesigur, în acest caz ca urmare a teoriei haosului, care a fost descoperită cu ocazia aplicării teoriei gravitației în astronomie. Certitudinea iluministă a lui Laplace, potrivit căreia s-ar putea prezice, în principiu, tot ce va avea loc în viitor folosind teoria gravitației, este falsă. Nu există certitudine în viitor, doar probabilități. Este exact inversul a ceea ce ne așteptăm de la un ceasornic.

Când lăuda ceea ce ar putea să prezică o inteligență puternică, Laplace extrapola analiza lui Newton a două corpuri care se rotesc pe orbite unul în jurul celuilalt: Soarele și o planetă, două stele sau două galaxii. În aceste cazuri, orbitele sunt într-adevăr determinate pentru totdeauna, elipse care se repetă la infinit. Dar, bineînțeles, sistemul solar constă din mai mult de două corpuri — există opt planete principale pe orbite circumsolare și nenumărate corpuri mai mici. La un anumit nivel, este imposibil să ignori atracția exercitată de fiecare planetă asupra celorlalte, iar orbitele planetelor sunt în realitate mult mai complexe decât elipsele repetitive din cazul simplu al celor două corpuri.

Extinderea teoriei newtoniene a celor două corpuri fie și la numai trei corpuri s-a dovedit dificilă, ba chiar de nerezolvat. În 1887, regele Suediei a oferit un premiu pentru găsirea unei soluții la ceea ce va deveni cunoscut ca „Problema celor trei corpuri": pe ce orbite se mișcă trei corpuri sub influența atracției lor gravitaționale reciproce? Matematicianul francez Henri Poincaré a intrat în competiție și a câștigat pentru că analiza lui a fost cea mai impresionantă, cu toate că nu a găsit soluția matematică precisă care se ceruse.

Poincaré a reușit să calculeze numeric orbitele celor trei corpuri — astăzi această sarcină s-ar realiza cu ajutorul computerului, dar el a trebuit să recurgă la calcule laborioase pe hârtie —, dar orbitele erau „atât de încâlcite, încât nici nu pot încerca să le desenez". Mai mult, Poincaré a constatat că, atunci când cele trei corpuri erau puse în mișcare din poziții inițiale ușor diferite, orbitele erau cu totul diferite. „Se poate întâmpla ca micile diferențe ale pozițiilor inițiale să ducă la diferențe enorme în fenomenul final. Predicția devine imposibilă."

Rezultatul lui Poincaré a fost confirmat de tehnicile matematice moderne. Matematicienii din zilele noastre ar spune că orbitele planetare sunt „haotice". Dacă începi cu planetele într-o anumită configurație, poți calcula unde se vor afla în, să spunem, 100 de milioane de ani. Dacă schimbi locul unei singure planete cu un singur centimetru față de poziția inițială, te-ai putea aștepta ca efectul pe care această modificare l-ar avea asupra poziției planetelor după tot atâția ani să fie cam de aceeași dimensiune și complet neglijabil. Dar, în realitate, planetele ar putea să se afle literalmente aproape oriunde altundeva — în limitele posibilului, desigur —, iar rezultatul ar fi cu totul diferit de cel de dinainte. Deplasările pozițiilor care iau naștere ca rezultat al micii schimbări inițiale se amplifică incontrolabil.

În fizica modernă, termenul „haos" este folosit pentru a descrie un fenomen precum cel de mai sus, care este predictibil pe termen scurt, dar care depinde atât de mult de starea inițială, încât rezultatul pe termen lung nu poate fi calculat. De regulă, meteorologii fac prognoze mai mult sau mai puțin exacte pentru o zi sau pentru o săptămână. Totuși, întrucât nimeni nu are cum să știe ce turbulențe poate provoca în aer bătaia aripilor fiecărui fluture din Brazilia, meteorologii nu pot prezice când sau unde se va abate uraganul anul viitor asupra Floridei — micile efecte necunoscute ale acelor bătăi de aripi schimbă complet viitorul. Acest adevăr legat de prognozele meteo a fost descoperit în 1963 de către Edward Lorenz, meteorolog la Massachusetts Institute of Technology. Dacă schimbi datele inițiale doar puțin, modelele de prognoză meteo pot fi complet diferite. Lorenz și-a botezat descoperirea „efectul fluturelui". James Yorke a propus denumirea de „haos". Acest concept al haosului meteorologic a fost același cu cel descoperit anterior de Poincaré când a studiat orbitele planetare.

În cazul sistemului solar, „haosul" presupune că în cele 4 miliarde de ani scurși de la formarea sistemului nostru planetar au avut loc schimbări incalculabile ale pozițiilor planetelor. Aceste schimbări au reprezentat evenimente unice, care au conferit trăsături specifice fiecărei planete din sistemul solar. Un lucru mai surprinzător și, până în prezent, inexplicabil este faptul că, din câte știm, sistemul solar, ca întreg, pare să fie unic.

Acum, în 2019, când scriu aceste rânduri, există circa 3 800 de planete cunoscute care orbitează în jurul altor stele decât Soarele și care sunt grupate sub denumirea de „planete extrasolare". Planetele par să fie foarte răspândite. În medie, există cam o planetă pentru fiecare stea din galaxia noastră — jumătate dintre stele nu au planete, iar jumătate dintre ele au în medie două planete. Rezultatele nu sunt definitive, pentru că descoperirea planetelor de pe orbitele unor stele aflate la ani-lumină sau la mii de ani-lumină depărtare este dificilă, iar astronomii nu pot descoperi decât cazurile cele mai simple, însă sunt suficient de buni ca să poată, cu puțină reflecție, să discearnă unele generalități legate de planete și de sistemele planetare.

Se pare că cele mai răspândite planete din galaxie sunt similare Pământului (telurice), dar de două ori mai mari decât planeta noastră. O astfel de planetă este denumită, generic, „super-Pământ". Sistemul nostru solar are patru planete telurice, Pământul fiind cea mai mare dintre ele, dar nu cuprinde niciun super-Pământ: este posibil să nu fi avut niciodată așa ceva, la fel cum e posibil să fi avut unul care între timp a dispărut. Nu se cunoaște ce anume favorizează formarea super-Pământurilor, dar sistemul nostru solar se poate să fi ratat ocazia de a avea o astfel de planetă. Sau e posibil să fi avut un super-Pământ care a fost proiectat în spațiul interstelar? Ce eveniment de proporții catastrofale ar fi putut avea loc în viața sistemului nostru planetar, astfel încât să distrugă un super-Pământ, dar să lase Pământul nostru să supraviețuiască?

O altă discrepanță se referă la planetele extrasolare cu o masă apropiată sau echivalentă cu a lui Jupiter. Acestea sunt destul de răspândite, iar noi avem două în sistemul solar: Saturn și Jupiter însuși. Planetele de tip Jupiter (sau „jupiteriene") sunt cel mai frecvent descoperite dintre planetele extrasolare (dar, desigur, fiind cele mai mari și mai masive, sunt și cel mai ușor de observat). Lucrul surprinzător legat de planetele jupiteriene extrasolare este că se află mult mai aproape de stelele lor mamă decât Jupiterul nostru de Soare. De aceea ele se încălzesc mai tare și înregistrează un pronunțat fenomen de evaporare. Planetele jupiteriene sunt mari pentru că s-au format în regiunile reci și îndepărtate ale sistemului lor planetar: deci cum au ajuns acești jupiteri extrasolari mai aproape de stelele lor și, dacă acest lucru se întâmplă frecvent în multe sisteme planetare, de ce nu s-a întâmplat și în sistemul nostru solar?

Concluzia este că sistemul nostru solar nu are un echivalent printre sistemele planetare cunoscute. Astronomia nu deține deocamdată o explicație pe deplin acceptată pentru acest fapt.

În schimb, astronomia poate explica multe dintre trăsăturile planetelor noastre, care pot fi puse pe seama anumitor evenimente din trecut. Alte secrete rămân a fi descoperite. În biografia unei personalități istorice pot să existe goluri. La fel se întâmplă și cu planetele.

Înainte de a începe să le examinăm viețile, trebuie să știm ce sunt planetele. Cine sunt subiecții acestei cărți?

Conceptul de „planetă" a evoluat pe măsură ce am început să înțelegem mai bine lucrurile, dar încă avem destule nelămuriri. Iar astronomii, în încercarea de a face totul cât mai clar, au sporit și mai mult confuzia.

Inițial, în vremurile clasice, cuvântul „planetă" însemna „stea rătăcitoare", nu una fixă. Stelele fixe erau lumini de pe cer care își mențineau pozițiile unele în raport cu altele (atât cât se putea discerne cu echipamentul disponibil în acea perioadă a istoriei științifice); în schimb, planetele își modificau pozițiile față de stelele fixe. Potrivit acestei definiții, astronomii identificaseră șapte planete: Mercur, Venus, Marte, Jupiter, Saturn, Soarele și Luna.

Apoi percepția asupra universului s-a schimbat în 1543, când Copernic și-a dat seama că Soarele este o stea, la fel ca stelele fixe, Luna este un satelit aflat pe orbita Pământului, iar Pământul — alături de Mercur, Venus, Marte, Jupiter și Saturn — este una dintre cele șase planete care se rotesc în jurul Soarelui. Orbitele planetelor sunt aproape circulare și se află în același plan. Astronomii au descoperit și alți sateliți pe orbitele altor planete, precum și planete noi — Uranus și Neptun — pe orbite mai îndepărtate în jurul Soarelui.

În acea perioadă istorică, definiția „planetei" era clară și se baza pe pozițiile și mișcările corpurilor din sistemul solar. A început să devină neclară în momentul în care termenul a luat în considerare și alte aspecte, unul dintre ele fiind natura corpurilor din sistemul solar. Cometele se deplasează pe orbite în jurul Soarelui, dar nu sunt planete. Întâi de toate, pentru că au orbite anormale. Orbitele cometelor sunt excentrice — nu sunt cvasicercuri — și, de asemenea, pot fi înclinate, adică se pot afla în alt plan decât orbitele celorlalte planete. Dar, cel mai important, cometele au o înfățișare diferită, ceea ce înseamnă că au o structură diferită. Planetele și sateliții lor mai mari au formă aproape sferică, fiecare având suprafețe solide sau fiind înconjurat de nori. Aceste corpuri au o dinamică proprie, care le face să se stabilizeze sub forma unor sfere stratificate: în mijlocul planetelor se află straturile solide și lichide, iar la exteriorul lor, cele gazoase, care alcătuiesc atmosfera, fiecare strat susținând straturile mai ușoare de deasupra. Cometele sunt difuze (termenul de „cometă" provine dintr-un cuvânt grecesc care înseamnă „păros") și au cozi: structura lor nu seamănă deloc cu a unei planete.

În secolul al XIX-lea, au fost făcute alte descoperiri: corpuri de mici dimensiuni, aflate pe orbite aproape circulare în jurul Soarelui, în același plan cu principalele planete, dar aglomerate între Marte și Jupiter. În comparație cu planetele principale, aceste corpuri sunt surprinzător de mici. Unele dintre ele s-au dovedit a fi corpuri aproape sferice, dar multe aveau o formă neregulată. La început, au fost considerate „planete minore", dar apoi s-a înțeles că aparțineau unei clase de corpuri orbitale care, prin natura lor, sunt diferite de planete, astfel că au primit denumirea de „asteroizi".

Apoi procesul de clasificare a corpurilor din sist[illegible] solar a luat-o pe o cale greșită. În 1930, a fost desco[illegible] Pluto — un corp cvasisferic, asemănător întru câtva cu Marte, care se rotește pe orbită în jurul Soarelui. A fost descoperit ca urmare a căutării unei planete despre care se presupunea că s-ar afla pe o orbită situată dincolo de Neptun, drept care a fost considerat a fi planetă încă înainte de a se ști că există. Totuși orbita lui Pluto, pe lângă că este foarte înclinată față de orbitele celorlalte planete, este și excentrică, într-o asemenea măsură încât intersectează orbita lui Neptun. Astfel că au început să-și facă loc îndoielile privind statutul său de planetă. Apoi, începând cu 1992, au fost descoperite dincolo de Pluto tot mai multe corpuri orbitale care aminteau de asteroizi prin formele lor variate, de la cvasisferice la neregulate. Acestea au fost etichetate într-o manieră exactă, dar lipsită de imaginație: obiecte transneptuniene (OTN).

La aceste descoperiri s-a adăugat o înțelegere tot mai bună a originii planetelor, asteroizilor și OTN-urilor. Planetele sunt rezultatul principal al procesului în urma căruia s-au format corpuri mari prin contopirea materiei din discul care înconjura inițial Soarele în timpul formării acestuia — așa-numita „nebuloasă solară". Asteroizii, cometele și OTN-urile sunt rămășițe generate în urma acestui proces sau fragmente create de atunci încoace de coliziunile asteroizilor. Această descoperire a pus Pluto într-o lumină nouă: rămășiță sau planetă? Era într-adevăr un obiect transneptunian, dar statutul său de planetă [illegible]venea îndoielnic. Această viziune a condus la o redefi[illegible]a lui Pluto, la o degradare, dacă se poate vorbi de o [illegible]zare a corpurilor din sistemul solar.

[illegible]o este într-adevăr un corp aflat pe o orbită în [illegible]oarelui și are dimensiuni suficient de mari cât [illegible] se fi stabilizat într-o formă cvasisferică autonomă. Totuși în definiția unei planete a fost introdusă o a treia proprietate, care a dus la eliminarea lui Pluto din rândul acestei categorii de corpuri cerești. Definiția a fost adoptată în 2006 de către Uniunea Astronomică Internațională (UAI), care reprezintă comunitatea globală a astronomilor. Am fost unul dintre sutele de participanți care au ridicat mâna la întrunirea din Praga convocată pentru aprobarea acestei definiții. A fost o decizie controversată, care s-a bucurat de o publicitate considerabilă, ca urmare a percepției potrivit căreia noua definiție urma să reducă importanța lui Pluto. O mică armată alcătuită din elevi și alți pasionați de astronomie și-a exprimat dezaprobarea față de acest lucru. Pentru mine este uluitor faptul că opinia publică a fost interesată de acest subiect, dar în același timp nu poți să nu fii încântat că o chestiune astronomică atât de dificilă a fost considerată atât de importantă.

A treia proprietate a unei planete, cea pe care Pluto n-o îndeplinește, nu este o caracteristică a orbitei sale, nici a structurii sale, ci una care ține de viața ei anterioară. Pentru a fi o planetă, a declarat UAI, pe lângă o orbită și o structură corespunzătoare, un corp trebuie să aibă o dimensiune suficientă cât să-și poată curăța orbita de alte corpuri, fie alipindu-le la propria-i masă, fie capturându-le pe orbite ca sateliți, fie proiectându-le în afara câmpului său gravitațional. Potrivit criteriilor UAI, o planetă trebuie să domine zona orbitală pe care o ocupă. Ceea ce Pluto nu face: orbita sa o intersectează pe cea a lui Neptun și se aventurează printre alte OTN-uri. În consecință, Pluto nu mai este privită ca o planetă, ci ca o „planetă pitică". Asteroidul Ceres este și el considerat o planetă pitică, din motive similare: are o structură asemănătoare cu Pluto și are cam aceeași dimensiune, dar se mișcă pe orbită printre ceilalți asteroizi, pe care nu a reușit să-i asimileze, așa încât nu este o planetă.

În prezent, referitor la sistemul nostru solar, cuvântul „planetă", fără niciun calificativ, este rezervat de către oamenii de știință lui Mercur, Venus, Pământ, Marte, Jupiter, Saturn, Uranus și Neptun. „Planetă pitică" este atribuit celui mai mare asteroid, Ceres, lui Pluto, precum și câtorva obiecte transneptuniene mai mari. Sateliții sunt corpurile care orbitează în jurul planetelor. Toate celelalte corpuri sunt desemnate — la fel de neutru și de lipsit de imaginație ca și OTN-urile — prin termenul de „corp mic din sistemul solar".

La sfârșitul acestei cărți se află o anexă ce conține o scurtă prezentare a varietății corpurilor din sistemul solar și a terminologiei folosite pentru a le descrie. Întrucât sunt om de știință, poate că ar trebui să respect punctul de vedere oficial și să limitez această carte, cu titlul *Viețile secrete ale planetelor*, la cele opt planete ale sistemului solar recunoscute de știința modernă. Dar, când am reflectat la lucrurile despre care ar trebui să scriu, am ajuns la concluzia că, dacă aș fi riguros, ar însemna să las deoparte unele dintre corpurile cele mai semnificative ale sistemului solar, care se bucură de un mare interes din partea astronomilor la începutului secolului XXI. Așa încât cartea include opt planete principale, dar și cele două planete pitice și unele dintre corpurile mici ale sistemului solar, cum ar fi asteroizii și meteoriții, precum și câțiva sateliți. Acestea consider eu că sunt cele mai importante lumi din sistemul nostru solar. Sunt personajele cele mai importante, cu personalitățile cele mai colorate, ale căror vieți merită, în opinia mea, cel mai mult să fie examinate.

# Capitolul 2

## Mercur: bătută, sfioasă și excentrică

* Clasificare științifică: *planetă terestră.*
* Distanță față de Soare: *0,39 × distanța Pământ-Soare = 57,9 milioane de kilometri.*
* Perioadă orbitală: *88 zile.*
* Diametru: *0,383 × diametrul Pământului = 4 879 km.*
* Perioadă de rotație: *59 de zile.*
* Temperatură medie a suprafeței: *167 °C.*
* Mândrie secretă: *„Dintre toate planetele sistemului solar, am orbita cea mai excentrică și gama de temperaturi cea mai mare".*

Suprafața greu încercată a unei planete lipsite de atmosferă îi dezvăluie istoria vieții în sistemul solar, exact la fel cum urechile făcute zob și nasul spart ale unui boxer retras din activitate vorbesc despre victoriile și înfrângerile sale din trecut, despre luptele înverșunate de pe ringul de box. Mercur este o planetă fără atmosferă, iar suprafața sa plină de cratere ne vorbește despre bombardamentul cosmic cunoscut sub denumirea de Marele Bombardament Târziu, care a avut loc cu circa 3,9 miliarde de ani în urmă.

Nu este ușor să găsim informații despre perioada de început a vieții acestui astru, pentru că Mercur este cea mai sfioasă planetă. Este greu de inspectat îndeaproape, chiar și cu tehnologia disponibilă în Epoca Spațială. În zilele în care astronomii nu aveau la dispoziție decât telescoapele instalate pe Pământ, era foarte dificil să descoperi ceva despre Mercur, din cauza poziției sale — este planeta cea mai apropiată de Soare și, ca s-o vedem de pe Pământ, întotdeauna privim în direcția Soarelui. Ascunzându-se cu sfială în „fustele" Soarelui, Mercur este greu de văzut în apropierea luminii solare strălucitoare și se ivește doar din când în când, pentru perioade foarte scurte.

Zeul Mercur era considerat mesagerul zeilor. Planeta și zeul au caracteristica similară de a se deplasa cu mare viteză. Întrucât este planeta cea mai apropiată de Soare, fiind puternic influențată de gravitația acestuia, Mercur este, la fel ca omonimul său divin, iute de picior, deținând recordul de a fi planeta cea mai rapidă de pe orbită. Se rotește în jurul Soarelui în numai 88 de zile, în vreme ce Pământul are nevoie de 365 de zile pentru a face același lucru. Din poziția noastră în sistemul solar, vedem planeta Mercur apărând alternativ de o parte și de alta a Soarelui, în timp ce se deplasează pe orbită. Vreme de circa o lună, planeta este văzută ca un luceafăr de seară, observabil aproape de orizont în lumina slabă a amurgului. Dispare o lună în lumina orbitoare a Soarelui și apoi este văzută ca un luceafăr de dimineața, înainte de zori, încă o lună. După aceasta, dispare iar o lună în spatele Soarelui, înainte de a se întoarce în punctul de start. Completarea acestui ciclu durează 116 zile. (Ciclul vizibilității lui Mercur de pe Pământ depinde atât de orbita lui Mercur, cât și de cea a Pământului — iată de ce perioada de vizibilitate a lui Mercur este diferită de perioada sa orbitală.)

La început, astronomii greci au crezut că aparițiile de seara și de dimineața ale acestei planete erau două planete diferite, astfel că aveau două nume pentru Mercur: Apollo și Hermes. Se pare că matematicianul Pitagora a fost cel care a arătat, cam prin anul 500 î.e.n. că, de fapt, era vorba de una și aceeași planetă. Probabil acesta a observat că arătau la fel și se mișcau cu viteze similare. În plus, un aspect esențial era că, ori de câte ori Apollo era vizibil, Hermes nu era — și viceversa. Dintre cele două nume antice, Hermes a fost cel care s-a impus, în Grecia planeta continuând să fie numită astfel și în ziua de azi. În engleză, limba internațională a științei, precum și în celelalte limbi moderne, numele planetei a devenit Mercur, echivalentul lui Hermes în mitologia romană.

Există o legătură între caracteristicile planetelor cunoscute în Antichitate, zeii de la care și-au împrumutat numele și efectele pe care astrologia pretindea că acestea le-ar avea asupra oamenilor. Mercur se mișcă repede; Venus este frumoasa zeiță a iubirii; Marte are o culoare roșie, războinică; Jupiter (sau Jove) era regele zeilor, renumit pentru farsele pe care le făcea supușilor săi; Saturn este încet în mișcări. Numele acestor planete (și trăsăturile atribuite lor și zeilor omonimi) stau la baza mai multor cuvinte din limbajul curent, precum „mercurial", „veneric", „marțial", „jovial" și „saturnian", unele dintre ele înglobând vechi credințe astrologice.

În diferite momente din istoria civilizațiilor antice, s-a crezut că planetele erau sau asemănătoare zeilor, sau căminul lor, sau mijlocul prin care aceștia influențează activitățile umane, sau chiar zeii înșiși. Am putea crede că primele două credințe sunt poezie. Credința potrivit căreia planetele influențează caracterul individual al oamenilor sau ceea ce li se întâmplă ține de astrologie, o superstiție cât se poate de vie. Și, în sfârșit, credința că planetele ar fi zeități sau asociate cu zeitățile ține de religia astrolatriei, un fenomen aproape uitat.

Dacă citești un ghid al cerului destinat astronomilor amatori pentru a vedea când este vizibilă Mercur, probabil că vei găsi o notă care te avertizează să nu te uiți la Mercur prin binoclu sau telescop când Soarele este deasupra orizontului. Există riscul ca, în timp ce privești prin telescop, obiectivul lui să se îndrepte direct spre Soare. Dacă te uiți direct la Soare, chiar și fără un dispozitiv ajutător, poți să-ți vatămi ochii; riscul e cu atât mai mare când privești printr-un telescop, care concentrează nu doar lumina, ci și căldura. Astronomii profesioniști își pot asuma acest risc, cu ajutorul planificării, pentru că telescoapele lor sunt controlate cu strictețe. Ei au grijă să nu-și pună în pericol vederea, deși e posibil să-și deterioreze echipamentul. Dar, dacă se întâmplă ceva neprevăzut și se strică echipamentul, acesta poate fi reparat.

Chiar dacă nu-și pun în pericol decât echipamentele, astronomii aplică reguli foarte riguroase cu privire la observarea lui Mercur, deoarece consecințele unei manevre greșite pot fi extrem de grave. Repararea defecțiunilor poate fi costisitoare, în cazul cel mai bun, sau imposibilă, în cazul cel mai rău. De exemplu, telescopul spațial Hubble nu „se uită" niciodată, în nicio circumstanță, direct la Mercur. Aceasta pentru a împiedica pătrunderea luminii și căldurii solare în telescop, chiar și într-o cantitate mică. Dacă se întâmplă asta, structura s-ar putea deforma în momentul în care părți ale acesteia s-ar supraîncălzi; iar asta ar putea deteriora aliniamentul dispozitivelor optice. Chiar și o mică parte din radiația solară ajunsă în interiorul structurii telescopului sau reflectată și focalizată de lentilele lui asupra unei componente delicate de genul unui detector electronic ar fi probabil dăunătoare.

Toate acestea fac ca Mercur să fie greu de observat direct, așa încât, înainte de Epoca Spațială, o mare parte a interesului s-a concentrat asupra orbitei sale. La fel ca toate planetele, Mercur are o orbită eliptică, un cerc turtit. Poți să desenezi o elipsă dacă înfigi două bolduri într-o foaie de hârtie și le înconjori cu o buclă de ață. Apoi pui creionul în bucla de ață și îl tragi spre tine în așa fel încât ața să fie întinsă. Ceea ce desenezi pe hârtie în timp ce miști creionul în jurul boldurilor, menținând ața întinsă, este o elipsă. Cele două bolduri sunt poziționate în ceea ce se cheamă focarele elipsei. În cazul fiecărei planete, Soarele se află nu în centrul orbitei, ci în unul dintre focarele sale, iar distanța de la planetă la Soare se schimbă în timpul deplasării pe orbită. Mărimea schimbării se numește „excentricitatea" elipsei și este un număr care variază de la 0, dacă nu există nicio schimbare (cu alte cuvinte, dacă orbita este de fapt un cerc), până la aproape de 1, dacă elipsa este foarte alungită. Excentricitatea orbitei terestre este de 0,017, adică orbita este aproape circulară. Excentricitatea orbitei mercuriene este de 0,21, aceasta fiind cea mai excentrică dintre orbitele planetelor. În consecință, distanța dintre planetă și

Soare variază mult: între 46 și 70 de milioane de kilometri — altfel spus, între circa o treime și aproape jumătate din distanța care separă Pământul de Soare.

Mercur are o orbită foarte excentrică și, întrucât este aproape de Soare, atracția gravitațională exercitată de acesta este foarte mare. Întrucât orbita sa reprezintă un caz extrem, Mercur este o bună alegere pentru testarea teoriilor asupra gravitației. Folosind o astfel de teorie, astronomii pot calcula unde se va afla o planetă la un anumit moment, iar o teorie reușită va da rezultate exacte. Teoria newtoniană a gravitației trece cu brio majoritatea testelor și descrie foarte bine orbitele planetelor. Dar în cazul planetei Mercur, într-un mod subtil și misterios, teoria lui Newton devine ușor, dar semnificativ inexactă. Orbita ei diferă cu o mică valoare de locul unde ar plasa-o calculele newtoniene de fiecare dată când planeta se rotește în jurul Soarelui, valori care, după câteva decenii, se acumulează și dau o discrepanță observabilă. Motivul acestei discrepanțe a rămas un mister până când Albert Einstein și-a formulat teoria generală a relativității (sau relativitatea generală).

Teoria lui Einstein se referă la modul în care funcționează gravitația. El și-a pus la punct teoria folosindu-se doar de gândirea abstractă, fără să recurgă la observații empirice. Dar, desigur, a știut că testul teoriei sale va fi confruntarea cu realitatea. La început, nu avea la îndemână nimic cu care să-și testeze teoria. Din acest motiv, s-a abținut să vorbească altora despre ea. În mod paradoxal, sfioasa planetă Mercur — care se arată doar pentru scurt timp și apoi se ascunde repede, ca și cum n-ar dori să atragă atenția asupra ei, spunând ceva care ar putea să provoace controverse — i-a dat reticentului Albert Einstein curajul de a-și face cunoscută teoria: ceea ce a descoperit despre Mercur cu ajutorul relativității generale a rezolvat vechea problemă a orbitei sale și l-a determinat să-și expună teoria examinării publice, căreia i-a rezistat triumfător.

Discrepanța dintre orbita observată a lui Mercur și calculele bazate pe teoria lui Newton i-a pus în încurcătură pe astronomi începând încă din secolul al XIX-lea. Discrepanța se manifesta în felul următor.

În timp ce se deplasează pe orbită în jurul Soarelui, Mercur parcurge o elipsă, la fel ca toate planetele. Totuși, elipsa nu rămâne orientată mereu în aceeași direcție. Axa lungă a elipsei se rotește lent în jurul Soarelui, cu o viteză de circa 1,5 grade pe secol. Această rotație a orbitei se numește „precesie".

Toate orbitele planetare sunt afectate de precesie. Precesia se datorează în principal atracției celorlalte planete și faptului că Soarele nu este perfect sferic. Viteza de precesie poate fi calculată cu ajutorul teoriei newtoniene a gravitației, care oferă răspunsul corect pentru aproape toate planetele, cu excepția lui Mercur și Venus. Orbita lui Mercur prezintă cea mai mare discrepanță, viteza precesiei sale fiind cu 43 de secunde de arc pe secol mai mică decât cea rezultată din calcule (în cazul orbitei lui Venus, discrepanța este de 8,3 secunde de arc pe secol). O secundă de arc înseamnă o fracție de 1/3 600 dintr-un grad, astfel încât discrepanța nu era prea mare, însă era clară și constituia un motiv de îngrijorare sâcâitor.

Astronomul francez Urbain Le Verrier s-a gândit că discrepanța ar putea fi cauzată de atracția exercitată asupra lui Mercur de către o planetă nedescoperită. Anterior, el avusese un mare succes în explicarea discrepanțelor observate la orbita lui Uranus. El a presupus că ar exista o planetă nedescoperită dincolo de orbita uraniană, care abătea planeta Uranus de pe cursul ei. Aceasta a dus la descoperirea planetei Neptun (vezi Capitolul 15). Le Verrier a încercat să dea iarăși lovitura descoperind încă o planetă nouă, de data asta în interiorul orbitei lui Mercur. Această presupusă planetă ar fi fost mult mai greu de observat chiar decât Mercur, iar Le Verrier nu s-a descurajat când nu a reușit să o găsească.

Timp de câțiva ani, astronomii au continuat să caute planeta nedescoperită în momentele în care credeau că aceasta ar putea să efectueze un „tranzit", adică să traverseze fața Soarelui. Când are loc un astfel de eveniment, planeta în tranziție apare profilată ca o pată neagră, circulară, pe fondul discului luminos al Soarelui. Un astronom amator, un medic de țară, Edmond Lescarbault, care locuia în Orgères-en-Beauce, între Paris și Orléans, a afirmat în 1859 că a văzut o astfel de pată tranzitând Soarele timp de 4,5 ore. Le Verrier s-a deplasat la Orgères pentru a-l interoga pe doctor. A constatat mulțumit că observația fusese veritabilă și a numit planeta „Vulcan", după zeul focului.

Credibilitatea relatării furnizate de doctor s-a diminuat când acesta a dezvăluit că, deși a făcut însemnări legate de observația planetei scriind cu creionul pe o tabletă de lemn pe care o folosea și pentru însemnările despre pacienții săi, ulterior a curățat tableta cu o rindea, ca să o poată refolosi. Cu toate acestea, Le Verrier a cerut ca Lescarbault să fie făcut cavaler al Legiunii de Onoare, această medalie cu panglică stacojie acordându-se pentru

„merite eminente" în activitatea profesională. Era firesc ca descoperirea unei planete noi să fie considerată meritorie, iar astronomul care a făcut descoperirea să fie considerat eminent.

Faima și prestigiul aduse de această descoperire l-au motivat pe Lescarbault să se dedice pasiunii pentru astronomie. A abandonat medicina și și-a construit o casă cu un observator pentru a-și continua studiile.

Totuși, în anii următori, alți astronomi și Le Verrier însuși au încercat și nu au reușit să găsească dovezi care să confirme afirmațiile lui Lescarbault. S-au făcut câteva tentative de a se desena o orbită a planetei și de a se prezice când ar putea traversa din nou discul Soarelui, dar de fiecare dată aceasta a refuzat să apară. Prin urmare, planeta Vulcan a rămas învăluită în controverse și interesul pentru ea s-a stins, exceptând o perioadă de reviriment în rândul astronomilor americani, când o eclipsă totală de Soare a fost vizibilă în America de Nord pe 28 iulie 1878. Din pricina poziționării Lunii între Pământ și Soare, strălucirea acestuia din urmă avea să fie estompată. Oare putea planeta Vulcan să fie văzută în timpul eclipsei, nu prin umbra tranzitului său pe fața Soarelui, ci așa cum sunt observate de obicei planetele, prin lumina solară reflectată?

Au fost raportate două observări, făcute însă de astronomi cu reputație îndoielnică. James Watson a observat eclipsa din Rawlins, statul Wyoming, iar Lewis Swift, din Denver, statul Colorado. Fiecare a oferit mai multe relatări, dar au existat discrepanțe și nepotriviri între cei doi. Alți astronomi nu au văzut nicio planetă nouă în timp ce au observat eclipsa și le-au luat în derâdere relatările, unul dintre ei afirmând că a căuta presupusa planetă a lui Le Verrier echivala cu o goană după himere.

În mod evident, ceea ce observase Lescarbault nu era decât o pată solară. O astfel de pată ar fi fost staționară pe fața Soarelui, iar el trebuie să-și fi imaginat că se mișcă atunci când a hotărât că era vorba de o planetă. Vulcan a dispărut din știință și s-a întors în legendă. Medalia lui Lescarbault a dispărut și ea, conferirea Legiunii de Onoare fiind anulată. Lescarbault a avut o soartă tristă: bătrân și făcut de ocară, a rupt legăturile cu toată lumea pentru a duce un trai singuratic cu telescopul lui, până când a murit la optzeci de ani, în 1894.

În absența unor planete intramercuriene care să deranjeze orbita lui Mercur, cauza discrepanței observate între pozițiile calculate și cele reale a rămas misterioasă până la explicația oferită de Albert Einstein în 1915. În relativitatea generală, gravitația este un efect al curburii spațiu-timpului. Orbita unei planete nu este o elipsă statică: precesia apare fără ca alte planete s-o abată de la curs. Este consecința naturală a curburii spațiu-timpului în jurul Soarelui.

Când Einstein a calculat precesia lui Mercur, a reușit să explice cele 43 de secunde de arc lipsă. Precesia lui Venus e mai mică, deoarece planeta este mai depărtată față de Soare, astfel încât acesta nu provoacă o curbare atât de mare a spațiu-timpului.

După ce a elaborat relativitatea generală, Einstein și-a dat seama că primirea teoriei va fi controversată, deoarece era complet nouă și conținea concepte paradoxale, cum ar fi „curbura spațiu-timpului". A ezitat să o supună examinării publice, pentru că, în acea fază timpurie, era vulnerabilă la critici și supusă îndoielii sau chiar ridiculizării. Dar, după ce Einstein și-a făcut cunoscută relativitatea generală, faptul că ea putea explica îndelungatul mister al orbitei lui Mercur — prin luarea în calcul a unor caracteristici pe care teoria lui Newton le ignora — i-a furnizat susținerea de care avea nevoie.

Începând din 1915, relativitatea generală și-a ținut promisiunea față de astronomi, iar Mercur și-a ținut promisiunea față de relativitatea generală. Aceasta descrie traiectoria urmată de Mercur mai bine decât teoria newtoniană a gravitației. Răbdătoare și modestă, Mercur a confirmat, an după an, relativitatea generală.

O trăsătură frapantă a modului în care se comportă Mercur s-a manifestat în 1965, când planeta a fost studiată cu radarul și s-au analizat impulsurile radio reflectate de suprafața sa. Frecvența pulsului radio reflectat de o planetă care se rotește în jurul axei este ușor modificată. Acest lucru poate furniza informații cu privire la viteza de rotație a planetei și, în consecință, la perioada ei de rotație. Prin această tehnică s-a descoperit că, relativ la stele, Mercur se rotește în jurul axei de exact trei ori la fiecare două orbite în jurul Soarelui. De obicei, o „zi" este definită ca o rotație a planetei relativ la Soare, nu relativ la stele — de exemplu, timpul scurs de la un răsărit de soare la următorul. Dar corelația ciudată dintre rotația și orbita lui Mercur face ca o „zi" a acestei planete să dureze cât doi „ani". „Anul" mercurian durează 88 de zile terestre, iar „ziua", 176 de zile terestre.

Această relație stranie între „ziua" și „anul" lui Mercur este unică între planetele sistemului solar. Excentricitatea mare a orbitei sale mai adaugă o curiozitate, anume că distanța dintre Mercur și Soare variază considerabil. La un anumit moment din „anul" mercurian, planeta este cu 20% mai departe de Soare decât distanța normală, așa încât, pentru un observator aflat pe Mercur, Soarele ar părea cu 20% mai mic decât de obicei și ar părea să se miște cu 20% mai lent decât în mod normal. Mai mult, la momentul respectiv, planeta chiar se deplasează pe orbită cam cu 17% mai lent decât viteza normală, exacerbând efectul. După o jumătate de „an" mercurian, Mercur ajunge mai aproape de Soare și totul se inversează.

Pe Pământ, Soarele răsare și avansează constant pe cer spre vest, cu o viteză mai mult sau mai puțin constantă, păstrându-și aproximativ aceeași dimensiune. În schimb, văzut de pe Mercur, Soarele își schimbă dramatic și sesizabil viteza și dimensiunea aparente de-a lungul „zilei" și „anului". Să ne închipuim că suntem pe Mercur și ne uităm pe cer; am vedea că Soarele își schimbă dimensiunea de la o bilă care este de două ori mai mare decât este văzută de pe Pământ la o bilă care este de trei ori mai mare. După ce ar răsări, Soarele s-ar mișca mai ales spre vest, dar ar putea rămâne nemișcat și chiar să-și inverseze mișcarea. Din anumite poziții și la anumite momente ale „anului", Soarele ar răsări și ar apune imediat, înainte de a răsări din nou.

Din toate aceste motive, conceperea unui ceas și a unui calendar care să poată fi folosite de un locuitor al lui Mercur este problematică, și eu, unul, n-am văzut niciodată așa ceva. Dar nici nu există vreo urgență în această privință.

Motivul acestei situații curioase e faptul că rotația lui Mercur este încetinită de Soare. Soarele exercită o forță mareică asupra structurii lui Mercur, astfel încât planeta se rotește în sincronism cu orbita ei în jurul Soarelui. În sine, nu e un fenomen neobișnuit și există multe perechi planetă-satelit sau stea-stea care sunt corelate în acest mod.

Totuși, de obicei, sincronismul care corelează mișcările de rotație și de revoluție a două corpuri astronomice apropiate este de asemenea natură, încât egalizează perioada de rotație și perioada de revoluție (sau perioada orbitală). Așa este sistemul Pământ-Lună, de exemplu. Perioada de rotație a Lunii în jurul Pământului este de o lună și este egală cu perioada de rotație a Lunii în jurul propriei axe. Mercur este foarte neobișnuită prin faptul că se rotește în jurul axei de trei ori în timp ce se rotește în jurul Soarelui de două ori.

Blocajul mareic (sau rotația sincronă) este un fenomen care crește cu timpul — în trecut, Mercur se rotea mult mai rapid decât în prezent, dar a fost încetinită de atracția mareică a Soarelui. Încercând să explice de ce Mercur este blocată mareic într-un mod diferit de cel obișnuit, astronomii au descoperit un lucru pe care nu-l bănuiseră: felul precis în care se produce blocajul mareic depinde de unele caracteristici accidentale ale configurației originare a celor două corpuri. Dacă lucrurile ar fi fost diferite la începutul vieții sistemului solar, poate că Luna noastră n-ar fi fost blocată cu o față îndreptată perpetuu către Pământ, iar noi am fi putut să îi vedem întreaga suprafață.

Explorarea lui Mercur s-a limitat la numai două vizite efectuate de două sonde spațiale. Mercur este atât de aproape de Soare, încât o navă spațială riscă să se supraîncălzească. De asemenea, planeta îndură asaltul a numeroase furtuni de particule solare care afectează în mod direct echipamentele electronice, atât din cauza efectelor radiației nucleare, cât și din pricina scânteilor provocate de baia de particule încărcate electric. Pe lângă asta, orbita lui Mercur ridică încă o problemă: când este lansată de pe Pământ, sonda trebuie să accelereze ca să ajungă la Mercur și să țină pasul cu planeta, dar apoi trebuie să încetinească pentru a se înscrie pe orbită în jurul ei. Această dificultate crește cantitatea de combustibil care trebuie cărată la bord, reducând capacitatea sondei de a transporta echipamentul necesar descoperirilor științifice.

Toate aceste probleme au făcut ca Mercur să-și păstreze cea mai mare parte a secretelor până în anii 1970 — chiar și acum este una dintre planetele despre care știm cele mai puține lucruri. Progresele în cunoașterea ei s-au produs când s-a găsit o cale economicoasă de a trimite o sondă spațială spre Mercur. Trucul a fost pus la punct de Giuseppe Colombo, poreclit „Bepi", un om de știință italian din Padova. El a cartografiat traiectoriile complicate care ar fi permis sondei să se apropie de Mercur via Venus — sau via alte planete — în modul corect, la momentul potrivit; scopul său era ca nu combustibilul rachetei, ci gravitația planetelor să fie cea care ajută sonda să accelereze și să încetinească pentru a ajunge la destinație.

Această „praștie gravitațională" a fost folosită de *Mariner 10,* prima sondă trimisă spre Mercur, care s-a înscris pe o orbită în buclă și a executat trei survolări ale planetei în anii 1970 (o misiune de survolare presupune trimiterea spre o altă planetă a unei sonde spațiale care trece prin apropierea acesteia, dar fără să orbiteze în jurul ei sau să coboare pe suprafața sa). Din păcate, cu toate că orbita aleasă a făcut ceea ce trebuia să facă și a adus-o pe *Mariner 10* de trei ori în apropiere de Mercur, de fiecare dată planeta și-a întâmpinat vizitatoarea cu aceeași față, așa încât sonda a reușit să cartografieze doar jumătate din suprafața lui Mercur.

A doua sondă vizitatoare s-a numit *Messenger* — o aluzie la locul lui Mercur în panteonul antic, dar și un acronim pentru MErcury Surface, Space ENvironment, GEochemistry and Ranging. *Messenger* a ajuns la Mercur în șase ani, folosind manevre gravitaționale de șase ori înainte de a intra pe orbită în jurul planetei în 2011. A reușit să cartografieze aproape întreaga suprafață înainte să-și termine consumabilele, după care a fost lăsată să se prăbușească pe suprafața planetei în 2015. O a treia misiune, denumită *BepiColombo* (în memoria omului de știință italian), a fost lansată în 2018 și, dacă totul va merge bine, va explora planeta Mercur timp de un an sau doi în intervalul 2024–2025.

Ca dimensiuni, Mercur se situează între un satelit și o planetă. Având doar o treime din mărimea Pământului și fiind doar cu o treime mai mare decât Luna noastră, este cea mai mică dintre planete și, în consecință, are o gravitație mică. Este o planetă plăpândă, ce își duce traiul în proximitatea Soarelui, care se poartă nemilos cu ea. Arșița Soarelui se revarsă nestingherită pe suprafața planetei, astfel încât temperatura acesteia este pretutindeni foarte ridicată. În consecință, Mercur și-a pierdut toată atmosfera pe care a avut-o inițial, când s-a format. Dar între timp a reușit să dobândească o nouă atmosferă. Aceasta este foarte rarefiată și constă în principal din hidrogen și heliu, pe care Mercur le captează de la Soare. Ea cuprinde și o cantitate mică de atomi ridicați de pe suprafața planetei de vântul solar.

Așa slabă cum este, Mercur se apără de rafalele vântului solar cu ajutorul câmpului ei magnetic — la fel cum câmpul magnetic terestru protejează suprafața și atmosfera planetei noastre. Dar câmpul magnetic al lui Mercur nu este suficient de puternic pentru a devia particulele solare în perioadele în care activitatea Soarelui este foarte intensă. În aceste perioade de „maximum al petelor solare", Soarele are o mulțime de pete și își folosește propriul câmp magnetic pentru a ataca planeta cu brațe furioase, care se rotesc ca palele unei mori de vânt. În astfel de momente, vântul solar este suficient de puternic pentru a învinge câmpul magnetic al lui Mercur și a ajunge la suprafața sa.

Dat fiind că atmosfera lui Mercur este atât de rarefiată, nu există o pătură de aer care să uniformizeze temperatura la suprafața planetei. Astfel, în timpul zilei, temperaturile variază între –183 °C la poli și 427 °C la ecuator. Pe timpul nopții, rocile golașe pierd rapid căldura acumulată, astfel încât temperatura poate scădea până la –200 °C. Întrucât distanța dintre Mercur și Soare se modifică atât de mult în timp ce planeta se deplasează pe orbita ei excentrică, cantitatea de lumină și de căldură proiectată asupra planetei poate să crească sau să scadă cu un factor mai mare de doi, astfel încât, la orice latitudine, temperatura la un anumit moment al zilei variază și ea enorm.

Metalele comune, cum ar fi plumbul și staniul, s-ar topi la ecuatorul lui Mercur, la fel și materialele plastice. Evident, acest lucru ar fi fatal pentru echipamentele electrice, care au componente izolate cu plastic și cabluri lipite cu aliaj de cositor; desigur, nu este exclus să se descopere o rezolvare a acestei probleme, dar până acum nu s-a găsit nicio soluție. Chiar și sondele spațiale care ajung pe orbita lui Mercur au dificultăți în gestionarea căldurii solare, deși se pot reorienta în spațiu în așa fel încât să se poziționeze în spatele parasolarelor. Navele spațiale care pot asoliza (adică navele de tip lander) sau vehiculele care se pot deplasa la sol (vehicule de tip rover) n-ar putea funcționa pe Mercur.

Uneori, datorită cometelor care se izbesc de suprafața lui Mercur, atmosfera ei conține mult abur. Cometele au în compoziția lor o mare cantitate de apă, care se vaporizează la impactul cu Mercur. Astfel, vaporii învăluie scurtă vreme întreaga planetă. Unele cratere din apropierea polilor sunt atât de adânci, încât fundul lor nu vede niciodată lumina directă a soarelui și, în consecință, fac excepție de la afirmația potrivit căreia suprafața lui Mercur este fierbinte în timpul zilei. Pe fundul acestor cratere temperatura nu crește niciodată peste –160 °C. Din această cauză, o parte din apa provenită de la comete se condensează și dă naștere unor petice de gheață care pot ajunge la o grosime de câțiva metri și care au o durată de viață indefinită. Gheața a fost detectată prima oară după modul în care reflectă undele radar, iar existența acestor petice de gheață a fost confirmată de sonda *Messenger* în 2008. Astronomii au fost surprinși să descopere că apa poate supraviețui sub formă de gheață pe planeta aflată cel mai aproape de Soare, adică pe cea mai fierbinte dintre planete. O descoperire cu totul neașteptată.

Suprafața lui Mercur este plină de cratere, la fel ca suprafața Lunii. Dacă ar fi posibil să observăm peisajul mercurian dintr-un modul de asolizare bine izolat — fie direct, ca un astronaut curajos, fie cu o cameră acționată de la distanță —, descrierea priveliștii ar semăna cu cele pe care ni le-au transmis astronauții din misiunile *Apollo* (vezi Capitolul 5). Există cratere de toate dimensiunile, cel mai mare fiind Caloris Planitia, care are un diametru de 1 300 de kilometri, la fel de mare ca așa-numitele *maria* (sau „mări") de pe Lună — peticele cenușii rotunde pe care le putem vedea pe Lună când privim cu binoclul și chiar și cu ochiul liber. La fel ca marile cratere de pe Lună, Caloris Planitia are fundul plat, acoperit de câmpii de lavă, și este înconjurat de un inel muntos înalt de până la 2 000 de metri. Este situat pe ecuatorul lui Mercur, unde Soarele strălucește cel mai puternic, fiind cea mai caldă regiune a planetei. Caloris Planitia înseamnă „câmpie de căldură".

Cu un diametru de peste 250 de kilometri, Caloris Planitia s-a format la ciocnirea cu un asteroid foarte mare, cu diametrul de circa 100 de kilometri. (Acesta a avut probabil un diametru cam de zece ori mai mare decât asteroidul care a cauzat extincția dinozaurilor pe Pământ.) Impactul a provocat unde seismice care au zguduit întreaga planetă, iar „cutremurele mercuriene" care au urmat au dislocat și au deplasat rocile din zona diametral opusă a planetei. Regiunea muntoasă și deluroasă întinsă care a fost astfel creată la antipodul lui Caloris Planitia se numește „relief straniu". Undele de șoc au străbătut planeta și s-au ciocnit pe partea opusă a lui Mercur, umplând planeta cu un zgomot seismic, astfel încât timp de câteva ore sau zile aceasta a răsunat ca un clopot. Energia generată de prăbușirea asteroidului a crăpat suprafața lui Mercur, eliberând lavă din interior. Impactul a declanșat o activitate vulcanică intensă, ce a inundat suprafețe întinse, transformându-le în câmpii de lavă netede — în contrast cu așa-numitul relief straniu, care este deluros și accidentat. Impactul a zdruncinat și munții de pe Mercur, pe versanții acestora producându-se alunecări de teren. Coliziunea care a produs Caloris Planitia a avut consecințe teribile, observabile la nivelul întregii planete. Asteroidul a zdruncinat Mercur până la nucleu, iar dacă ar fi fost mult mai mare, ar fi putut distruge complet planeta.

Se pare că au existat două perioade în care Mercur a fost supus unui intens bombardament cu asteroizi. Prima a fost epoca tumultuoasă de după formarea sistemului solar, când planetele tocmai se formau. Planetesimalele, adică planetele potențiale, au atras și au acumulat micile fragmente solide care se formaseră din materia reziduală a proto-Soarelui — adică materia expulzată de Soare în timpul condensării acestuia. În acea perioadă a evoluției sale, sistemul solar era plin de asemenea fragmente de toate dimensiunile.

Unele dintre aceste fragmente s-au amalgamat și au produs corpuri de dimensiunile asteroizilor. Dar existau și multe rămășițe mai mici, de dimensiunile unor pietricele sau bolovani. O parte dintre acestea își continuă existența sub forma unor roci care orbitează în sistemul solar. Din când în când, unele dintre aceste roci primitive cad pe Pământ — meteoriți cunoscuți sub numele de „chondrite". Acestea au o vechime de 4,568 miliarde de ani, stabilită prin analiza produșilor rezultați în urma dezintegrării radioactive înglobați în roci. Elementele radioactive și produșii lor au fost înglobați în roci când acestea s-au solidificat, iar apoi au început să se dezintegreze cu o viteză care poate fi măsurată cu precizie în laborator. Astronomii presupun că momentul în care rocile s-au solidificat reprezintă nașterea sistemului solar. Dat fiind cât de îndepărtat în timp este acest eveniment, e remarcabilă precizia cu care se cunoaște data la care a avut loc.

În prima perioadă de formare a craterelor lui Mercur, impactul acestor fragmente de roci și de asteroizi cu suprafața planetei a produs cratere de toate dimensiunile, de la cele mai mici la cele mai mari. În schimb, în a doua perioadă de formare a craterelor, asupra lui Mercur s-a abătut un număr considerabil de asteroizi mari — întrucât cei mai mici s-au dezintegrat ori s-au contopit sub forma unor asteroizi mai mari —, astfel încât, în medie, craterele rezultate au fost și ele mai mari. Această a doua perioadă este cunoscută ca Marele Bombardament Târziu.

Marele Bombardament Târziu a avut loc cu circa 3,9 miliarde de ani în urmă, cam la 600 de milioane de ani după formarea sistemului solar. Această perioadă a fost dedusă mulțumită unor informații furnizate nu de Mercur, ci de Lună, mai exact, pe baza vârstei rocilor colectate de pe suprafața selenară. Rocile provin din trei surse.

În anii 1970, circa 300 de grame de sol lunar au fost aduse pe Pământ de trei sonde robotizate din cadrul programului sovietic Luna. Micile sonde au fost trimise pe satelitul natural al Pământului și s-au așezat pe suprafața lunară. Fiecare și-a întins brațul robotic și a colectat câte un eșantion de sol într-o rachetă de mici dimensiuni, pe care apoi a expediat-o înapoi spre Pământ, unde toate trei au aterizat pe întinderile stepei rusești.

Cam în același timp, astronauții din misiunile *Apollo* au colectat — folosind clești și cupe — circa o jumătate de tonă de roci lunare, le-au pus în saci numerotați, le-au așezat în niște containere din aluminiu ca niște valize și le-au escortat personal pe drumul de întoarcere în SUA.

Cea de-a treia sursă o reprezintă meteoriții de origine selenară. Până în prezent, au fost descoperite circa trei sute de fragmente care au căzut pe Pământ după ce au fost desprinse de pe suprafața Lunii de asteroizi care s-au izbit de ea.

Cele mai vechi roci lunare sunt cele colectate de pe podișurile selenare, regiunile mai luminoase ale Lunii. Rocile individuale prelevate din ținuturile joase — „mările" întunecate — au vârste cuprinse între 4 și 3,85 miliarde de ani. Deci în acest interval s-au solidificat ultima oară. Prin urmare, se pare că scoarța lunară a fost puternic încălzită cu 3,9 miliarde de ani în urmă. Acest lucru a fost descoperit între anii 1974 și 1976 de un grup de astronomi de la Universitatea din Sheffield, condus de Grenville Turner. Ei au sugerat că, după ce Luna s-a solidificat prima oară cu circa 4,5 miliarde de ani în urmă, asteroizii i-au bombardat masiv suprafața timp de 200 de milioane de ani, începând cu 4 miliarde de ani în urmă, și astfel au retopit-o. Grupul din Sheffield a numit acest eveniment „cataclismul lunar" — o denumire timpurie pentru Marele Bombardament Târziu.

Motivul pentru care a avut loc acest bombardament a rămas un mister nerezolvat. Se poate să fi fost o ciocnire uriașă între doi asteroizi mari sau între două planete, în urma căreia au rezultat fragmente, inclusiv unele foarte mari, care au fost împrăștiate în întregul sistem solar, ciocnindu-se cu tot ce-au întâlnit în cale. O altă posibilitate este ca asteroizii, care până în acel moment se roteau liniștiți pe orbitele lor, să fi fost deranjați de mișcarea planetelor-gigant, Jupiter și Saturn, și împrăștiați pretutindeni. Conform unei teorii cunoscute sub numele de Marele Viraj (Grand Tack), când planetele-gigant încă se roteau în interiorul discului de resturi rezultate în urma formării sistemului solar, Jupiter, influențată tocmai de aceste resturi, s-a apropiat de Soare. Dacă n-ar fi fost întreruptă, această migrație ar fi adus-o pe Jupiter mult mai aproape de Soare, ceea ce ar fi făcut ca sistemul nostru să semene cu multe alte sisteme planetare descoperite recent. Multe sisteme exoplanetare au așa-numiți „jupiteri fierbinți" — planete gazoase enorme, care trebuie să se fi format în zone depărtate ale sistemelor lor planetare, dar care apoi au migrat spre interior. Acum, acestea sunt mult mai fierbinți decât înainte, materialul lor gazos evaporându-se și disipându-se. Jupiter din sistemul nostru a evitat această soartă, deoarece, ca urmare a unui concurs de factori (vezi Capitolul 9), și-a inversat cursul și a virat asemenea unei ambarcațiuni pentru a naviga împotriva curentului, întorcându-se pe o orbită finală mai depărtată de Soare. În drumul său, Jupiter a împrăștiat resturi și asteroizi, trimițând fragmente de rocă spre Mercur, dar și spre Pământ și Lună.

Al treilea și, în multe privințe, cel mai interesant scenariu pentru a explica Marele Bombardament Târziu a fost propus după elaborarea a ceea ce astronomii numesc „Modelul de la Nisa" (sau „Simularea de la Nisa"), care a devenit popular pentru că oferă perspectiva de a explica mai multe secrete din viața planetelor. Astfel, cu o singură teorie se pot obține mai multe explicații — iată un model nu doar puternic, ci și economicos!

Munca de creare a acestei simulări s-a efectuat în 2005 în orașul francez Nisa, la Observatorul Coastei de Azur, de către un grup internațional de matematicieni condus de Alessandro Morbidelli. Potrivit Modelului de la Nisa, ceea ce s-a întâmplat în primul miliard de ani al istoriei sistemului solar poate fi asemuit cu un gigantic joc de biliard interplanetar, jucat de niște copii hiperactivi lăsați să-și facă de cap.

Modelul de la Nisa este una dintre modalitățile de a calcula cum anume este posibil să fi interacționat planetele în etapa când ele abia se formaseră în sistemul solar. Ca urmare a limitărilor impuse de „teoria haosului" (vezi Capitolul 1), nu este posibil să știm precis ce s-a întâmplat în trecutul îndepărtat. Prin urmare, este imposibil să stabilim cu exactitate în ce loc anume și pe ce fel de orbite și-au dus viața planetele în acel trecut îndepărtat. Acesta este un secret al tinereții lor pe care și-l vor păstra.

Dar ce putem face este să realizăm niște simulări: acestea sunt calcule referitoare la un mare număr de scenarii posibile, cu grade diferite de inventivitate, care merg de la mici modificări ale detaliilor la schimbări de amploare în arhitectura sistemului solar, cum ar fi numărul planetelor. Apoi astronomii pot să vadă care dintre simulări se potrivește cel mai bine cu ceea ce se știe deja. Cele mai plauzibile caracteristici ale simulărilor sunt cele care sunt recurente într-o mare proporție a calculelor. Acestea sunt considerate a fi apropiate de ceea ce s-a întâmplat deja. Modelul de la Nisa este rezultatul obținut în urma distilării tuturor acestor încercări de a calcula ceea ce s-a întâmplat în acea epocă îndepărtată.

Simularea propusă de Modelul de la Nisa începe într-o perioadă în care aproape toată materia din norul interstelar care a dat naștere Soarelui a fost proiectată în afara sistemului solar, cu excepția fragmentelor de material solid. Aceste fragmente solide se aflau pe orbite în jurul Soarelui, la fel ca planetele, cometele și asteroizii de acum, dar erau mult mai numeroase și împrăștiate pretutindeni. Corpurile solide care s-au agregat și au format planetele sunt denumite planetesimale, iar în acea perioadă a sistemului solar existau foarte multe planetesimale. Ele se mișcau printre planete. La acea vreme, existau cele patru planete exterioare pe care le cunoaștem astăzi, anume cei patru giganți gazoși (Jupiter, Saturn, Uranus și Neptun), și probabil peste șase „planete terestre" interioare. Peste șase înseamnă cu câteva mai mult decât cele patru planete interioare pe care le avem acum (Mercur, Venus, Pământ și Marte). Planetele-gigant erau aproape de orbitele lor curente, dar probabil că și acestea erau mai multe, cinci sau chiar șase, nu doar patru.

Potrivit Modelului de la Nisa, au existat ciocniri atât între planetesimale, cât și între planetesimale și planete. Unele dintre aceste planetesimale (marea lor majoritate, probabil) au fost proiectate în afara sistemului solar — acestea sunt acum asteroizi interstelari, mici lumi care călătoresc veșnic în întunecimea rece a spațiului, departe de lumina și căldura Soarelui, orfani rătăciți în spațiul pustiu al galaxiei noastre.

Este foarte probabil ca același lucru să se fi întâmplat și cu alte sisteme planetare. Și e posibil ca, la un moment dat în viitor, una dintre aceste planetesimale devenite asteroizi să-și facă apariția din spațiul interstelar și să traverseze ca un fulger sistemul nostru solar. Nu este exclus ca acest lucru să se fi întâmplat deja. Există câțiva asteroizi care se rotesc pe orbitele lor în sens invers, iar unii astronomi speculează că aceștia ar fi putut fi capturați din spațiu. Apoi, în 2017, telescopul Pan-STARRS din Hawaii a descoperit un asteroid care a fost surprins „în flagrant" tocmai când cădea în sistemul nostru solar cu o viteză neobișnuit de mare, venind din exteriorul acestuia.

Una dintre ipoteze a fost că acest corp rătăcitor ar fi o cometă, însă nu avea nelipsita coadă a cometelor. De asemenea, corpul s-a dovedit a fi nefiresc de lung și de subțire, schimbându-și strălucirea în timp ce se rotea: era mai întunecat când avea unul dintre capete îndreptat spre noi și mai strălucitor când era văzut din lateral. Potrivit unei a doua ipoteze, acesta ar fi fost un asteroid interstelar, atras de Soare în sistemul nostru planetar.

Potrivit celei de-a treia supoziții, obiectul era lung și subțire pentru că era o navă spațială interstelară. Deși pare fantezistă, ideea a căpătat mai multă credibilitate când s-a descoperit că orbita obiectului nu era controlată numai de gravitație, asupra ei exercitându-se o forță suplimentară, provenită de la un fel de sistem de propulsie.

Unii astronomi au susținut că de fapt este vorba despre un soi de cometă, viteza ei ridicată datorându-se nu originii sale interstelare, ci efectului de rachetă produs de jeturile de gaz îndreptate în spate, care o propulsează pe traiectorie. Un astronom a sugerat că aceasta ar avea o așa-numită „velă solară". Aceasta este un dispozitiv care a fost propus de inginerii spațiali pentru a valorifica impulsul provenit de la lumina solară sau stelară care cade pe o pânză reflectorizantă de mari dimensiuni. Probabil că niște ființe extraterestre au construit un astfel de dispozitiv pentru propulsia unei nave spațiale care să viziteze și să exploreze alte sisteme planetare din galaxia noastră, inclusiv pe cel solar.

Oricare ar fi adevărul despre acest vizitator ciudat, cert este că el se întoarce acum cu repeziciune în spațiul cosmic și nu va mai reveni. Au mai fost și alți astfel de vizitatori, dintre care unii s-au stabilit în domeniul de influență al Soarelui, deghizându-se în asteroizi. Acest vizitator este primul care a fost observat trecând pe lângă Soare asemenea unei corăbii cu pânze, care, din pricina vântului puternic, nu reușește să pătrundă în port. Numele care i-a fost atribuit reflectă convingerea că ar avea origine interstelară. Astronomii care lucrează la telescopul Pan-STARRS din Hawaii i-au consultat pe localnici în privința unor sugestii. Corpul a fost numit 'Oumuamua, care în hawaiiană înseamnă „primul mesager sosit din depărtări".

'Oumuamua a trecut de punctul cel mai apropiat de Soare al traiectoriei sale și apoi a trecut pe lângă Pământ la o distanță de circa 24 de milioane de kilometri. Asta înseamnă cam de 60 de ori distanța dintre planeta noastră și Lună — o distanță foarte mică la scară cosmică. Dacă în viitor sistemul nostru solar va fi vizitat de un corp interstelar cu dimensiuni semnificativ mai mari, acesta ar putea perturba orbitele planetelor în mai mare sau mai mică măsură, în funcție de cât de apropiată de ele îi va fi traiectoria, ceea ce va avea consecințe imprevizibile.

Când au fost ejectate din sistemul nostru solar, planetesimalele au imprimat planetelor rămase în sistem un impuls retrograd. Astfel, planetele-gigant au migrat treptat către Soare. După zeci sau sute de milioane de ani, Jupiter și Saturn, giganții gazoși cei mai apropiați de Soare, au ajuns în rezonanță, parcurgerea a două orbite jupiteriene durând tot atât cât completarea unei singure orbite saturniene. Această rezonanță Jupiter/Saturn se numește „rezonanță de 2:1" (se citește „doi la unu"). Ea pune cele două planete într-o relație care are un efect profund asupra celorlalte planete și a miriadei de corpuri mai mici din sistemul solar, fragmentele rămase în urma procesului de constituire a planetelor. Efectul provine din natura „rezonanței".

Când un părinte împinge leagănul copilului, avem un exemplu de rezonanță. Copilul este împins o dată și începe să se legene, apoi este împins din nou de părinte și astfel leagănul ajunge mai departe. La fiecare întoarcere a copilului, părintele îl împinge din nou — astfel, amplitudinea legănării crește treptat, așa cum vrea copilul. Dar împingerea nu trebuie să aibă loc la fiecare legănare. Același efect s-ar obține și dacă părintele l-ar împinge din două în două legănări, într-o rezonanță de 2:1. Esențial este ca fiecare împingere să aibă loc în același punct al ciclului legănării. În mod similar, când două planete intră în rezonanță, ele creează un câmp de forțe gravitaționale care generează repetarea indefinită a aceluiași efect, ceea ce poate perturba orbita unei a treia planete aflate în apropiere.

La începutul simulării propuse de Modelul de la Nisa, Jupiter și Saturn se aflau aproape în rezonanță. Ejectarea aleatorie a unora dintre planetesimale le-a adus mai aproape de rezonanță și, în cele din urmă, le-a plasat în rezonanță. Câmpul de forțe gravitaționale augmentat pe care l-au creat în continuare a afectat toate celelalte planete. Câteva dintre ele au fost ejectate în spațiu. În ceea ce privește planetele terestre (cele stâncoase, din apropierea Soarelui), efectul a fost că au rămas doar patru la număr, și anume cele pe care le cunoaștem astăzi (Mercur, Venus, Pământ, Marte).

În acea perioadă a sistemului solar, era posibilă o viață viitoare contrafactuală pentru Pământ, în care planeta noastră ar fi putut deveni o planetă interstelară, care să rătăcească prin Galaxie ca un coiot singuratic prin preria pustie și înghețată. Pământul nu a avut o asemenea soartă, dar este posibil ca asta să i se fi întâmplat unuia dintre foștii vecini ai planetei noastre. Poate că aceasta a fost soarta super-Pământului din sistemul nostru solar, dacă am avut așa ceva.

Cert e că evenimentele care ar fi putut arunca Pământul din sistemul solar nu au avut loc. Totuși, în această perioadă haotică a dezvoltării sistemului solar, Pământul și-a tot deplasat orbita când mai aproape, când mai departe de Soare. În final, planeta noastră a ajuns în așa-numita Zonă Goldilocks a sistemului solar, care a făcut posibilă evoluția vieții. A fost un noroc.

Restul sistemului solar a fost de asemenea afectat. Asteroizii au fost atrași și azvârliți de pe orbitele lor, perturbați de forțele gravitaționale masive ale lui Jupiter și Saturn. Unii asteroizi s-au intersectat cu orbitele regulate ale planetelor, prăbușindu-se pe suprafața lor, mai ales pe ale celor mai apropiate de Soare, cum ar fi Mercur. Impactul acestor asteroizi a creat craterele pe care le vedem astăzi — probabil că acesta a fost evenimentul cosmic pe care îl cunoaștem ca Marele Bombardament Târziu.

Bineînțeles, dacă Mercur a suferit efectele Marelui Bombardament Târziu, la fel s-a întâmplat cu Pământul și cu Luna. Evenimentul a provocat pe Lună 1 700 de cratere cu diametrul mai mare de 20 de kilometri și, statistic vorbind, ar fi trebuit să avem de zece ori mai multe cratere pe Pământ — iar unele dintre ele ar fi trebuit să aibă un diametru de 1 000 de kilometri. Craterele terestre au fost erodate de trecerea a 3,9 miliarde de ani, dar în compoziția sedimentelor din adâncurile oceanelor există unele dovezi potrivit cărora Marele Bombardament Târziu a avut loc și pe Pământ. De asemenea, straturile de sedimente formate în această perioadă în Groenlanda și Canada au „supraviețuit" și pot fi analizate.

Există diferențe de compoziție între materialele de origine extraterestră și cele care provin de pe Pământ. Unele elemente chimice sunt mai abundente în materialul meteoritic decât în cel al scoarței terestre. O altă diferență se referă la compoziția izotopilor. Izotopii unui element chimic sunt variante ale acestuia care diferă prin compoziția nucleară, iar proporțiile diferiților izotopi dintr-un material reflectă procesele chimice care au dus la producerea lui. Compoziția sedimentelor din Groenlanda și Canada care datează de acum 3,9 miliarde de ani sugerează că acestea conțin mai mult material meteoritic decât ar fi normal, de aici presupunerea că a fost adus pe Pământ în timpul Marelui Bombardament Târziu.

Ar putea fi semnificativ și faptul că fosilele care dovedesc apariția vieții pe Pământ par să aibă o vechime mai mică de 3,9 miliarde de ani; dacă viața a evoluat și într-o perioadă anterioară, cu siguranță a fost grav afectată de Marele Bombardament Târziu, iar urmele ei au fost șterse de pe Pământ. Pe de altă parte, e posibil ca tocmai Marele Bombardament Târziu să fi declanșat evoluția vieții, asteroizii aducând pe Pământ o mare cantitate de apă și de molecule organice, apa fiind încălzită de bombardament. Aceasta se poate să fi fost perioada din istoria Pământului la care se referea Charles Darwin când a scris (în 1871) că viața și-ar fi avut originea „într-un mic iaz călduț... în care s-a format un compus proteic gata să treacă prin schimbări și mai complexe..." Acest „mic iaz" a fost oceanul de pe Pământul primitiv, apa și substanțele chimice organice fiind aduse pe planeta noastră de asteroizi și comete, apoi încălzită de energia bombardamentului și de energia geotermală.

Prin urmare, secretul vieții lui Mercur, înscris pe suprafața sa ciuruită de cratere, este un indiciu pentru viața secretă a Pământului și pentru secretului vieții înseși.

# Capitolul 3

## Venus: o față urâtă în spatele unui văl frumos

* Clasificare științifică: *planetă terestră.*
* Distanță față de Soare: *0,72 × distanța Pământ-Soare = 108,2 milioane de kilometri.*
* Perioadă orbitală: *225 de zile.*
* Diametru: *0,949 × diametrul Pământului = 12 104 km.*
* Perioadă de rotație: *243 zile.*
* Temperatură medie a suprafeței: *464 °C.*
* Dorință secretă: *„Sper ca schimbările climatice care au loc pe geamăna mea să nu fie la fel de drastice cum au fost pentru mine".*

Zeița Venus era personificarea frumuseții; în mod similar, pe cer sunt puține lucruri care să rivalizeze cu imaginea splendidă a planetei Venus. Strălucitor de albă ca luceafăr de seară, pe fondul galben, oranj și roșu al apusului de soare, sub violetul-închis al cerului, Venus este inconfundabilă, atât prin culoarea ei pură, cât și prin strălucirea intensă.

Asemenea lui Mercur, planeta Venus se rotește pe o orbită situată între Pământ și Soare, trecând dintr-o parte în alta a Soarelui, iar perioada ei sinodică (intervalul dintre momentele când ajunge cel mai aproape de Pământ) este de 584 de zile. Astfel, Venus este luceafăr de seară timp de câteva săptămâni, la intervale de circa un an și jumătate. În Antichitate, la fel ca Mercur, Venus avea două nume, ca și cum ar fi fost două planete separate: Hesperus sau Vesper (seara) și Phosphorus sau Lucifer (dimineața). În cele din urmă, lumea științifică elenică și-a dat seama că acestea erau apariții ale uneia și aceleiași planete.

Aparițiile matinale ale lui Venus sunt la fel de frumoase ca cele de seară. De fapt, claritatea și imobilitatea aerului în acea jumătate de oră magică și răcoroasă în care apar zorii zilei adaugă aparițiilor matinale ale lui Venus o puritate care le face și mai impresionante. Dacă o văd pe Venus în zori, când îmi părăsesc telescopul după o noapte petrecută într-un observator situat pe un vârf de munte rece, simt că-mi crește inima și uit că sunt frânt de oboseală.

Venus este cel mai strălucitor obiect ceresc, exceptând Soarele, Luna și aparițiile sporadice ale stelelor care explodează (supernove). În afara acestor trei cazuri, numai reflexiile de la *Stația Spațială Internațională (SSI)* rivalizează cu Venus. Și mă întristează puțin că, în momentele de maximă strălucire, stația construită de om poate, pe perioada scurtă a trecerii ei pe cer, să depășească și să distragă atenția de la splendoarea naturală a acestei planete.

Așadar Venus este cea mai strălucitoare planetă. Trei dintre cele patru explicații ale acestui fapt sunt că este mare, că este apropiată de soare și că este apropiată de noi — interceptează o mare cantitate de lumină de la

Soare, iar lumina pe care o reflectă nu este diminuată de distanța destul de mică parcursă până la noi. Al patrulea motiv este că reflectă o mare parte din lumina solară care cade asupra ei.

Asta pentru că Venus este complet învăluită de nori albi. Norii reflectă trei sferturi din lumina solară care cade asupra planetei, ceea ce înseamnă că are un albedo (capacitate de reflexie) de câteva ori mai mare decât media celorlalte planete. Dar pătura de nori înseamnă că frumusețea lui Venus este de fapt frumusețea unui văl, care ascunde în totalitate realitatea urâtă a feței sale brăzdate de cicatrici.

Îmi aduc aminte cum, ca elev pasionat de astronomie, îndreptam noapte de noapte micul meu telescop artizanal spre Venus, încercând să-i surprind secretele. Arăta în mare ca o bilă de biliard albă, iluminată dintr-o parte. Mă străduiam să văd prin nori suprafața misterioasă de dedesubt. Când și când, unii astronomi reușesc să vadă cu telescoapele lor contururi vagi pe suprafața lui Venus, dar singurele trăsături pe care eu le-am putut vedea au fost micile neregularități ale graniței dintre jumătatea iluminată și jumătatea întunecată a planetei. Ulterior am aflat că acestea erau umbre aruncate de vârfurile norilor aflați la diferite înălțimi. Eram încântat că știu un mic amănunt despre această lume acoperită cu un văl. Nu era ceva la fel de spectaculos ca întrezărirea suprafeței, dar îmi imaginam că zbor printre acei nori impunători, cu stelele deasupra mea și cu Venus ascunsă sub mine. Poate că astfel de gânduri m-au determinat să devin astronom, cu toate că aveam de înfruntat disprețul colegilor mei de la școală, care nu înțelegeau ce găseam atât de pasionant la imaginea unei sfere albe.

Micul meu telescop din acea vreme avea avantajul unor lentile moderne, dar era doar cu puțin mai bun decât cel folosit de fizicianul italian Galileo Galilei pentru a o observa pe Venus în 1610. Am văzut și eu ce a văzut el. Conform standardelor moderne, telescoapele lui Galileo erau primitive: aveau lentile mici, nesofisticate, sprijinite pe suporturi fragile, așezate pe mese. Cu toate acestea, puterea de concentrare a luminii și de amplificare a imaginilor oferită de aceste telescoape era o mare îmbunătățire față de performanțele ochiului omenesc. Două dintre telescoapele lui Galileo au supraviețuit și sunt expuse într-un muzeu din Florența, lentilele unuia dintre ele fiind acum păstrate într-o casetă din fildeș ornamentat, crăpată în momentul manipulării neatente de către unul dintre servitorii familiei Medici. Lentilele au o apertură de 40–50 mm (față de valoarea tipică de 6 mm a ochiului adaptat la întuneric) și măresc de 15–20 de ori. Galileo putea să vadă considerabil mai multe lucruri decât oricine înaintea lui.

Galileo a observat că, la distanța cea mai mare față de Soare, Venus apărea sub formă de semilună, cu partea luminoasă îndreptată spre Soare. Dar, pe măsură ce se apropia de Soare, partea luminoasă sau creștea și căpăta forma unui disc luminos (dacă trecea prin spatele Soarelui), sau se îngusta, căpătând forma unei lame de seceră (dacă trecea prin fața Soarelui). Această descoperire a făcut ca Venus să capete un loc important în istoria științei.

Galileo și-a formulat descoperirea sub forma unei anagrame în latină, pe care a trimis-o de la Padova colegului astronom Johannes Kepler din Praga. Anagrama s-a răspândit în toată lumea științifică. Fraza codificată era: *Haec immatura a me jam frustra leguntur o.y.* În traducere: „Lucruri necoapte pentru dezvăluire sunt citite de mine" — literele „o" și „y" de la final sunt cele pe care Galileo nu a reușit să le includă în anagramă. Rearanjate, literele anagramei dau fraza: *Cynthiae figurae aemulatur mater amorum,* care se traduce astfel: „Mama îndrăgostiților imită formele Cynthiei". Sau, mai pe înțelesul nostru: „Venus are faze la fel ca Luna".

Folosirea anagramelor pentru compunerea de anunțuri codificate era larg răspândită în secolul al XVII-lea, având scopul de a ajuta la stabilirea paternității unei descoperiri. Anagrama era transmisă de la o persoană la alta cu lentoarea cu care, la acea vreme, se răspândeau veștile. Când soluția anagramei era anunțată de către autor, toată lumea putea să-și dea seama cine făcuse descoperirea.

Simultan cu observarea fazelor lui Venus, Galileo a descoperit un lucru pe care Copernic îl menționase în 1543, în cartea sa despre modelul sistemului solar, în care afirmase că planetele se mișcă în jurul Soarelui — teoria heliocentrică a sistemului solar. El a susținut că mărimea lui Venus ar trebui să pară că se schimbă în timp ce se apropie și apoi se îndepărtează de Pământ. Mai exact, când Venus se afla cel mai departe de Pământ (adică în spatele Soarelui), distanța dintre ea și planeta noastră trebuia să fie de peste patru ori mai mare decât atunci când se afla cel mai aproape de noi (adică între Soare și Pământ). Galileo a descoperit că, într-adevăr, Venus își schimba dimensiunea în funcție de poziție — avea dimensiunea cea mai mică atunci când își arăta în întregime fața și dimensiunea cea mai mare, când lua formă de seceră.

Descoperirea fazelor lui Venus de către Galileo a fost importantă, pentru că a demonstrat indubitabil că planeta se rotește în jurul Soarelui pe o orbită situată în interiorul orbitei Pământului. Când Venus se află dincolo de Soare, are fața îndreptată direct către Soare și Pământ; fața ei este complet luminată, la fel ca Luna plină, și este mică deoarece se află la distanța cea mai mare de planeta noastră. În schimb, când Venus se mișcă între Pământ și Soare, are fața îndreptată spre Soare, iar spatele neluminat îndreptat spre Pământ, de unde este văzută ca o semilună mare și subțire. Era exact ce sugerase Copernic. Astfel, Galileo a demonstrat validitatea modelului heliocentric al sistemului solar. Ceea ce observase el nu se potrivea cu modelul anterior, cel geocentric, potrivit căruia Venus se rotea pe o orbită circumterestră, aflată în interiorul orbitei Soarelui (despre care se credea că se învârte și el în jurul Pământului). Dacă așa ar fi stat lucrurile, Venus ar fi avut aceeași dimensiune tot timpul.

Galileo a știut că descoperirea lui va fi criticată aspru de unii oameni. În prima zi a anului 1611, el a publicat soluția anagramei venusiene, explicând că existența fazelor înseamnă că planeta se rotește pe o orbită în jurul Soarelui:

> Acest lucru a fost presupus de pitagoricieni, de Copernic, de Kepler și de mine însumi, dar niciodată n-a fost dovedit așa cum este acum. Așadar Kepler și copernicanii se pot lăuda că teoriile lor sunt corecte, cu toate că, drept consecință, vom

> fi luați cu toții de nebuni de filosofii cei pedanți, care ne vor privi ca pe niște oameni grei de cap sau lipsiți de simț comun.

Din păcate, Galileo a prevăzut corect controversa pe care o vor genera ideile sale. A fost convocat de Inchiziție, judecat și declarat eretic pentru că susținea lucruri contrare Scripturii. Obligat să retracteze și supus interdicției de a-și comunica în vreun fel descoperirile astronomice, a fost plasat în arest la domiciliu până la moartea sa în 1642. Cu toate acestea, Galileo a avut dreptate, iar Venus și-a păstrat locul important în istoria științei.

Fazele lui Venus nu sunt o trăsătură intrinsecă a planetei, ci consecințe ale orbitei lui Venus și ale poziției sale relative față de Soare și Pământ. Dar care este, de fapt, natura lui Venus? Din cauza păturii groase și neîntrerupte de nori, se știau puține lucruri despre ea înainte de secolul XX. Iar asta a dat frâu liber astronomilor să-și imagineze cum ar putea arăta suprafața planetei sub stratul de nori. Venus are cam aceeași mărime ca Pământul și era considerată planeta geamănă a Terrei. În mod evident, are o atmosferă. Planeta se află mai aproape de Soare decât Pământul (mai exact, la 0,75 din distanța care separă planeta noastră de Soare), așa încât s-a presupus că trebuie să fie mai caldă și, pornind de la supoziția că norii erau alcătuiți din picături de apă (la fel ca norii tereștri), clima ei era considerată a fi umedă. Astfel, de-a lungul istoriei, mulți astronomi au fost de părere că, dintre toate planetele sistemului solar, Venus avea cea mai mare probabilitate să găzduiască viața. Tot ce se știa despre Venus sugera că avea o climă asemănătoare celei din țările calde ale Pământului — precum și locuitori asemănători cu ai acestora. În 1686, o carte intitulată *Conversații asupra pluralității lumilor*, scrisă de autorul francez Bernard de Fontenelle, tradusă în engleză în 1700 de Aphra Behn (una dintre primele femei din Anglia care a scris cărți și piese de teatru), a introdus stereotipurile rasiste, pline de superioritate ale vremii în ideile despre potențialii locuitori ai lui Venus:

> Întrucât Venus e mai apropiată de Soare decât noi, clima ei primește de la acesta o lumină mai strălucitoare și o căldură mai însuflețitoare... Locuitorii lui Venus sunt... mici domni arși de soare, mereu îndrăgostiți, plini de viață și înflăcărare, pasionați de poezie și mari melomani, care în fiecare zi născocesc petreceri, baluri și festivități pentru a-și înveseli amantele.

Această imagine a unei planete atât de asemănătoare cu Pământul s-a dovedit a fi departe de adevăr. În realitate, sub acei nori albi și puri se ascunde un secret întunecat. Ei acoperă o față urâtă și o situație infernală, în care este greu, ba chiar imposibil să-ți imaginezi că ar putea exista viață. Suprafața lui Venus este acoperită de un strat steril, solzos și negru de rocă vulcanică, brăzdat de râurile de lavă — acum întărită — care s-au revărsat din numeroșii ei vulcani. Planeta are o atmosferă foarte densă: presiunea atmosferică la suprafața ei este de 90 de ori mai mare decât cea de pe Pământ, fiind echivalentă cu presiunea existentă la o adâncime de circa 1 000 de metri în ocean. Cam aceasta este și adâncimea maximă la care operează de obicei submarinele terestre, deși submarinele de cercetare și cele de salvare, care au o construcție specială, pot coborî la adâncimi și mai mari. Atmosfera lui Venus este alcătuită în proporție covârșitoare din dioxid de carbon, la care se adaugă azot și mici cantități de acid sulfuric, acid clorhidric și acid fluorhidric. Picăturile condensate ale acestor acizi formează ploi acide care ar asigura o moarte rapidă navelor spațiale care ar ajunge pe suprafața planetei. Norii sunt formați din picături de acid sulfuric, nu de apă. Lumina trece cu greu prin atmosfera densă și sulfuroasă, colorând suprafața planetei într-un galben funest.

Foarte puține dintre aceste detalii despre Venus erau cunoscute înainte de Epoca Spațială; se știa doar compoziția generală a atmosferei, densitatea ei ridicată, precum și temperatura ei foarte înaltă — principalul factor care face imposibilă viața pe Venus. În 1956, un pionier al radioastronomiei, Cornell H. Mayer, și colegii săi de la US Naval Research Laboratory au strâns informații despre microundele emise de Venus — aceste radiații cu lungimi de undă mai mari provin din straturile adânci ale atmosferei venusiene. Ei au descoperit indicii potrivit cărora suprafața are o temperatură foarte ridicată, mult mai mare decât cea a Pământului, îndeajuns de ridicată pentru a topi plumbul.

Primul vizitator spațial al lui Venus a fost sonda americană *Mariner 2*, care a survolat planeta în 1962. Noul model de rachetă care ar fi trebuit să lanseze *Mariner 2* a întâmpinat probleme în procesul de construcție, astfel încât a trebuit folosit un model anterior. Acesta avea dimensiuni și o capacitate de transport mai mici. În consecință, echipamentul de pe *Mariner 2* a fost considerabil redus față de planurile inițiale. Cu toate acestea, misiunea a fost un succes. Investigațiile radio făcute cu șase ani înainte sondaseră atmosfera venusiană de la distanță și rezultatele nu fuseseră exacte. Principalul rezultat științific obținut de *Mariner 2* a fost confirmarea de la mică distanță a faptului că temperatura la suprafața lui Venus este foarte ridicată, mai exact, peste 400 °C.

În anii 1960 și 1970 au urmat alte sonde *Mariner*. Dar cunoștințele cele mai detaliate privind natura suprafeței venusiene au venit de la o serie de sonde de tip lander parașutate de sovietici sub pătura de nori. În anii 1960, NASA a hotărât să se concentreze asupra programului *Apollo*, care își propunea să trimită astronauți pe Lună, în virtutea provocării „Noi am ales să ajungem pe Lună", lansată de președintele Kennedy în 1962. Între timp, Uniunea Sovietică și-a stabilit drept ținte principale ale cercetării spațiale planetele cele mai apropiate, Venus și Marte. În 1967, seria de sonde spațiale sovietice *Venera*, proiectate inițial de expertul în inginerie spațială Serghei Koroliov, a început explorarea științifică a lui Venus. La fel ca *Mariner 2*, primele sonde *Venera* au avut misiuni de survolare, fiind dotate cu echipamente de detecție de la distanță. Acestea au fost urmate de câteva sonde care au pătruns în atmosfera lui Venus cu ajutorul unor parașute, cu scopul de a-i măsura în mod direct proprietățile timp de o oră, cât dura coborârea. Sondele au fost supuse unor vânturi foarte puternice, cu viteze de peste 300 km/h, deoarece atmosfera lui Venus are o rotație foarte rapidă, în contrast cu rotația planetei. Spre deosebire de celelalte planete, rotația lui Venus este retrogradă, iar perioada ei de rotație este de

243 de zile. În schimb, la ecuator, regiunile superioare ale atmosferei se rotesc o dată la fiecare 4 zile.

Singurele nave spațiale care au aterizat pe suprafața lui Venus au fost sondele *Venera*, construite pentru programul spațial sovietic. Sondele au fost realizate la Moscova de un institut de științe spațiale denumit Asociația Lavocikin, în colaborare cu o companie aerospațială rusească cu o denumire similară, care fabrică avioane de război. Cu prilejul unei vizite acolo, mi-a fost arătat muzeul ei privat, care găzduiește echipamente din perioada programului spațial sovietic. Am privit plin de admirație capsula în formă de ghiulea de tun folosită în programul *Luna*. Era chiar cea trimisă pe Lună cu o sondă spațială lander, care a umplut-o cu sol lunar și apoi a propulsat-o înapoi spre Rusia. Era înnegrită și plină de zgârieturi de la coborârea cu mare viteză prin atmosferă și de la aterizarea în stepele rusești. Dar era solidă și a rămas etanșă, mica ei încărcătură fiind livrată necontaminată oamenilor de știință sovietici, spre a fi analizată. Sondele spațiale *Venera* (eu am văzut exemplarele de rezervă — cele trimise pe Venus au rămas acolo) erau foarte robuste, cu îmbinări solide realizate cu nituri. Semănau mai degrabă cu vechile locomotive decât cu niște nave spațiale. Inginerii care le construiseră înțeleseseră pe deplin că aveau să fie parașutate într-un mediu foarte aspru, cu o presiune zdrobitoare.

Prima sondă care a coborât pe suprafața unei alte planete decât a noastră a fost *Venera 7*, în 1970. Însă ceva n-a mers cum era prevăzut în timpul coborârii spre Venus, care a fost mult mai rapidă decât se prevăzuse. Sonda s-a lovit de suprafață cu viteza unei mașini implicate într-un accident rutier grav, ceea ce a provocat deteriorarea echipamentului. Dar, întrucât landerul era atât de solid construit, n-a fost distrus. S-a răsturnat pe o parte, cu antena radio îndreptată în direcție opusă Pământului. Cu toate acestea, un semnal radio slab a asigurat 20 de minute de informații despre condițiile de la suprafața lui Venus. *Venera 8* a fost prima din această serie (1972–1984) care a coborât fără probleme pe planetă. În medie, fiecare misiune a supraviețuit pe Venus în jur de o oră, până când condițiile atmosferice și căldura foarte intensă au provocat defectarea echipamentelor.

Aceste misiuni au arătat că, deși stratul gros de nori ai lui Venus nu coboară până la suprafața planetei, vizibilitatea peisajului este limitată. Sondele asolizate au putut vedea coline aflate la distanțe de maximum 3–5 kilometri. La baza lor se întindea un talmeș-balmeș de roci vulcanice negre. Structura peisajului înconjurător la distanțe mai mari a rămas un mister.

Explorarea lui Venus prin observare la fața locului, în lumina naturală a planetei, are limitări serioase. Însă radarul poate să penetreze norii, drept care aceasta a fost metoda aleasă pentru explorările ulterioare ale suprafeței venusiene. După câteva testări ale acestei metode, s-a înregistrat un progres considerabil cu două dintre sonde (*Venera 15* și *16*, ambele lansate în 1983), echipate cu sisteme radar care au permis transmiterea unor informații bune, cu o rezoluție spațială de circa 1 000 de metri și o rezoluție pe înălțime de circa 50 de metri. Aceste misiuni au observat formațiuni vulcanice întâlnite și pe planeta noastră, dar și unele noi. Pe Venus există atât conuri vulcanice scunde (vulcani-scut), cât și numeroase conuri înalte, ambele formațiuni fiindu-ne cunoscute de pe planeta noastră. Însă există și formațiuni care nu se găsesc pe Pământ, cum ar fi așa-numitele *coronae* („coroane"), structuri vulcanice circulare de mari dimensiuni, despre care inițial s-a crezut în mod eronat că ar fi cratere de meteoriți umplute cu lavă. Există și „arahnoide", structuri alcătuite din ovale concentrice brăzdate de crăpături radiale, care arată ca niște picioare de păianjen. Coroanele și arahnoidele marchează puncte fierbinți staționare de sub suprafață, care generează pustule vulcanice în scoarța planetei. Venus nu are plăci tectonice mobile, care să se ciocnească între ele, așa încât vulcanii venusieni nu sunt aliniați în șiruri, așa cum se întâmplă pe Pământ în Cercul de Foc din jurul Oceanului Pacific. Sunt presărați aproape pretutindeni.

Un mare pas înainte în cunoașterea suprafeței lui Venus s-a produs cu prilejul unei misiuni remarcabile — prima misiune interplanetară realizată de NASA după o pauză de 11 ani. Sonda botezată *Magellan* (după exploratorul care a cartografiat Pământul) a fost lansată în 1989 cu ajutorul navetei spațiale, a ajuns la Venus în 1990 și a rămas patru ani pe orbită în jurul planetei. Sonda spațială a fost asamblată ingenios, cu costuri reduse, din componentele rămase în urma misiunilor anterioare, fiind echipată cu un radar pentru cartografierea planetei. Răspunzând provocării misiunilor *Venera*, NASA a crescut rezoluția radarului de la 600 de metri (cât era planificat inițial) la 100 de metri, astfel încât *Magellan* putea să vadă detalii geografice de dimensiunea unui teren de fotbal. Sonda spațială s-a înscris pe orbită în jurul lui Venus nu deasupra ecuatorului, ci deasupra polului nord al acesteia, coborând pe sub polul sud și revenind apoi în poziția inițială — sonda parcurgea această orbită în trei ore. Planul orbitei a rămas fix în spațiu, în vreme ce planeta se rotea sub ea, astfel încât sonda a cartografiat treptat toată planeta, în fâșii succesive, creând o imagine radar care prezenta înălțimea și structura reliefului — altfel spus, „geomorfologia" acestuia. Astfel, Venus a putut fi admirată în toată splendoarea ei, cu secretele la vedere.

*Magellan* a dezvăluit că Venus este acoperită aproape în totalitate — mai exact, pe trei sferturi — de un peisaj vulcanic. Există circa o sută de vulcani-scut, similari cu Mauna Loa din Hawaii, și sute de mii de conuri vulcanice mai mici, izolate, asemănătoare cu vulcanul Etna din Italia. Cel mai înalt vulcan este numit Maxwell Montes și atinge o altitudine de 11 km, comparabilă cu a lui Mauna Loa, măsurată de la fundul mării. În general, vulcanii de pe Venus au o suprafață mai mare, dar nu sunt mai înalți decât vulcanii de pe Pământ. Versanții vulcanici sunt brăzdați de râuri de lavă pietrificată care, de la distanță, seamănă cu niște linii sinuoase trasate pe un talmeș-balmeș de stânci abrupte — la fel ca scurgerile de lavă recente de pe Pământ. Diferența este că scurgerile venusiene sunt uneori mult mai lungi și mai late decât cele terestre. Aceste mici diferențe sunt probabil datorate faptului că rocile de suprafață au o compoziție diferită, cele de pe Venus fiind ceva mai maleabile.

În proporție de circa 10%, Venus este constituită dintr-un material prăfos, afânat, care s-a acumulat în ținuturile joase, acoperind ceea ce se află dedesubt. Materialul a fost generat prin eroziunea zonelor înalte, cauzată de reacțiile chimice dintre roci și atmosferă. Nu există multă apă pe Venus, doar o cantitate mică în atmosferă, așa încât nu întâlnim fenomenul eroziunii provocate de apă, atât de frecvent pe Pământ. O parte din eroziune a fost provocată de praful suflat de vânt, care a șlefuit stâncile, precum și de ciocnirile meteoriților, care au dezintegrat rocile de la suprafață, împrăștiind fragmentele în toate părțile.

Craterele de meteoriți sunt la fel de rare pe Venus pe cât sunt de abundente craterele vulcanice — au fost identificate doar circa o mie, mult mai puține decât pe Mercur sau pe Lună (ambele lipsite de atmosferă). În schimb, acest număr este de câteva ori mai mare decât numărul celor de pe Pământ. Craterele de pe Terra sunt distruse atât de eroziunea provocată de factorii climatici, cât și de deplasarea plăcilor tectonice. Venus are climă, dar nu și plăci tectonice. În parte, craterele sunt puține pe Venus deoarece atmosfera planetei apără suprafața de impactul cu meteoriții: mulți dintre aceștia se dezintegrează din pricina frecării când îi traversează atmosfera. Într-adevăr, s-a observat că pe Venus există zone unde sunt grupate mai multe cratere meteorice, ca și cum ar fi fost făcute de un singur meteorit care s-a desfăcut în fragmente, fără a fi distrus cu totul de frecare, astfel încât unele dintre fragmentele lui au aplicat planetei o lovitură comună.

Dar principala explicație pentru numărul atât de mic de cratere este faptul că, la fel ca în cazul Pământului, suprafața lui Venus este tânără (la scara planetelor), chiar dacă nu există plăci tectonice în mișcare, ca pe Terra. Se poate ca în trecut să fi existat mai multe cratere pe Venus, dar ele au fost acoperite cu material vulcanic proaspăt și se află acum sub stratul de suprafață. Corelând numărul de cratere cu ritmul în care asteroizii lovesc suprafața lui Venus în prezent, astronomii estimează că suprafața ei actuală are o vechime de circa 500 de milioane de ani. Alte trei sau patru miliarde de ani de istorie venusiană sunt ascunse sub această nouă suprafață, un trecut șters precum cel al unui spion dublu care a trecut la inamic și a fost ascuns într-o casă conspirativă.

Oare înnoirea suprafeței a avut loc de-a lungul ultimelor 500 de milioane de ani? Sau întreaga suprafață a planetei s-a înnoit în urma unui eveniment de mari proporții produs în urmă cu 500 de milioane de ani? Este probabil ca, la acest moment, să existe câțiva vulcani activi pe Venus, fiind depistați unul sau doi vulcani care eliberează cenușă. O misiune spațială europeană recentă, *Venus Express*, a identificat niște „pete fierbinți" pe versanții unor vulcani. Arată ca și cum ar fi fost încălzite de lava lichidă din rezervoarele de sub suprafață, dar nu s-au observat erupții adevărate. Venus este activă din punct de vedere geologic, dar nu foarte, ceea ce sugerează că perioada de activitate vulcanică intensă a avut loc cu mult timp în urmă.

Activitatea vulcanică ce a înnoit suprafața lui Venus a fost un eveniment catastrofal. Care să fi fost cauza? A fost oare întreaga planetă mistuită în urma unui incendiu vulcanic pricinuit de cauze interne, ca într-un acces de furie planetar? Sau a fost o inundație vulcanică provocată de un fenomen extern? Până în prezent, Venus a păstrat misterul cu privire la această fază a vieții sale.

Înnoirea suprafeței vulcanice a lui Venus nu a fost singura catastrofă globală suferită de planetă în viața sa. Deși acum nu există nicio urmă de apă pe planetă, pare probabil ca, atunci când s-a format în urmă cu 4,6 miliarde de ani, Venus să nu fi fost foarte diferită de Pământ — după cum au presupus și astronomii din trecut. Probabil că toate planetele telurice (Mercur, Venus, Pământ, Marte) s-au născut într-o stare similară — toți nou-născuții seamănă între ei! Ca planete, devin individualități distincte după ce micile diferențe din natura lor sunt amplificate de trecerea timpului, precum și de faptul că evoluează în circumstanțe diferite.

Dacă este rezonabil să presupunem că Venus a avut apă în stare lichidă pe suprafața ei, adusă acolo de asteroizi și comete, probabil că a avut și o atmosferă compusă din azot, vapori de apă, dioxid de carbon și metan de la emisiile vulcanice. Dioxidul de carbon și metanul au creat un puternic efect de seră, care a fost intensificat de vaporii de apă, pe măsură ce oceanele s-au evaporat ca urmare a proximității Soarelui.

Efectul de seră este o proprietate a anumitor gaze din atmosferele planetare. Are un rol important pentru noi, pe Pământ: el menține suprafața planetei la o temperatură confortabilă, relativ constantă, care asigură condiții prielnice vieții.

Efectul de seră în atmosfera Pământului a fost descoperit în 1827 de Joseph Fourier, matematician și fizician francez. Pământul absoarbe circa 70% din lumina primită de la Soare. Aceasta încălzește uscatul, atmosfera și oceanele. Aceste mase încălzite reflectă căldura înapoi către spațiu sub formă de radiații infraroșii. Dar aceste radiații emise de suprafață sunt absorbite în cea mai mare parte de nori și de gazele atmosferice care produc efect de seră.

Astfel, radiațiile nu ajung în spațiul cosmic, ci încălzesc straturile inferioare ale atmosferei, ceea ce împiedică uscatul și oceanele să piardă căldură. Consecința este că, la fel ca într-o seră, suprafața planetei și straturile atmosferice joase se încălzesc.

Încă de la început, efectul de seră pe Venus a fost mai puternic decât pe Pământ. Planeta s-a încălzit atât de mult, încât oceanele ei s-au evaporat complet. Acest fenomen a avut loc cu mult înainte de înnoirea suprafeței lui Venus, așa încât toate urmele oceanelor — cum ar fi albiile fluviilor care se vărsau în ele, sedimentele viiturilor produse de acestea sau rocile formate prin cristalizarea mineralelor din apă — au fost acoperite. Surplusul de vapori de apă din atmosferă a intensificat efectul de seră inițial, făcând ca temperatura să crească și mai mult. În felul acesta, s-a schimbat compoziția atmosferei prin formarea altor gaze cu efect de seră, cum ar fi nori alcătuiți din picături de acid sulfuric. Drept consecință, temperatura a crescut și mai mult — și tot așa. Astronomul Carl Sagan, de la Universitatea Cornell, a fost cel care a formulat în 1961 această explicație pentru temperaturile extrem de ridicate de pe Venus: efectul de seră a scăpat de sub control.

Efectul de seră domină complet clima lui Venus, ridicându-i temperatura cu 500 °C. În schimb, efectul de seră crește temperatura Pământului cu numai 33 °C — ceea ce e foarte mult pentru clima Pământului, dar efectul este benefic, nu catastrofal. Totuși gazele de seră produse de om (numite „antropogene"), adică cele eliberate în urma activităților industriale și agricole (dioxidul de carbon produs de arderea combustibililor fosili și metanul emis de crescătoriile de animale), cresc temperatura și amenință să tulbure acest echilibru fragil. Acordul de la Paris (redactat la finalul lui 2015) a stabilit măsurile necesare pentru a menține creșterea temperaturii globale a Pământului cu mai puțin de 1,5–2 °C peste nivelurile preindustriale prin limitarea emisiilor antropogene. Nu a existat un astfel de acord pe Venus, unde emisiile naturale de gaze cu efect de seră au crescut la o scară mult mai mare decât ce experimentăm noi acum pe Terra. Starea actuală a lui Venus — un infern al temperaturilor extreme și un sol uscat și steril — este o prefigurare înspăimântătoare a consecințelor pe care le-ar putea avea o schimbare catastrofală a climei. În cazul Pământului, o creștere de două grade a temperaturii globale nu pare prea mult, mai ales dacă o comparăm cu creșterea de 500 de grade suferită de Venus. Dar chiar și un pas mic ca acesta către clima lui Venus poate să însemne un pas prea mare, dacă nu pentru supraviețuirea planetei, atunci pentru supraviețuirea speciei umane.

# Capitolul 4

## Pământ: echilibru și stăpânire de sine

* Clasificare științifică: *planetă terestră.*
* Distanță față de Soare: *150 de milioane de kilometri.*
* Perioadă orbitală: *1 an (365,26 zile).*
* Diametru: *12 756 km.*
* Perioadă de rotație: *1 zi (24 de ore).*
* Temperatură medie a suprafeței: *15 °C.*
* Mărturisire secretă: *„Eram mulțumit de cianobacterii, care au schimbat atmosfera în bine, dar oamenii ăștia sunt prea mulți și distrug tot ce le iese în cale, așa că mă bate gândul să mă descotorosesc de ei“.*

Pământul este casa noastră și caracterul său ne este mai familiar decât al celorlalte planete. Pământul se comportă ca un părinte — de aceea uneori este numit Pământul-Mamă. Are grijă de nevoile noastre, oferindu-ne aer, hrană, apă și adăpost. Fiind copiii săi, niciodată nu ne-am întrebat dacă va continua să facă asta și în viitorul mai îndepărtat. Dar am crescut și ne-am dat seama de limitele părintelui nostru în 1968. La fel ca ieșirea din adolescență, care ne ajută să-i vedem dintr-odată pe părinții noștri ca pe niște oameni, această conștientizare a limitelor Terrei — un moment crucial al Erei Spațiale — a adus o transformare a modului în care ne percepem planeta.

Momentul de cotitură s-a produs la trei zile de la lansarea misiunii *Apollo 8*. Capsula spațială se afla pe orbită în jurul Lunii, cu un echipaj format din Frank Borman (comandantul misiunii), Jim Lovell și William „Bill" Anders. În esență, misiunea avea un caracter de explorare și testare, scopul ei fiind să pregătească aselenizările propriu-zise. Astronauții au parcurs de câteva ori orbita circumlunară, observându-i suprafața de la o înălțime de 100 de kilometri. Au admirat peisajul care se desfășura sub privirile lor până la orizontul selenar, ca niște exploratori tereștri aflați pe un vârf de munte, uitându-se spre tărâmurile nou descoperite. Totuși ceea ce vedeau nu era un peisaj obișnuit: solul cenușiu, arid și lipsit de viață se întindea sub un cer negru și fără nori. În plus, dată fiind absența aerului de pe Lună, astronauții puteau să vadă clar până la orizont, fără pâcla progresivă care să le dea senzația de distanță.

Același peisaj trebuie să le fi apărut în fața ochilor și în timpul celor trei orbite precedente. Dar suprafața lunară de jos le absorbise întreaga atenție, deoarece sarcina lor era să fotografieze potențiale locuri de aselenizare. Abia la începutul celei de-a patra orbite, în ajunul Crăciunului din 1968, și-au ridicat privirile suficient cât să observe Pământul răsărind în fața lor, deasupra orizontului lunar. Borman a fost primul care a observat răsăritul Pământului: „Uau, ce frumusețe!" Anders a făcut o poză, pe care ulterior NASA a dat-o publicității sub titlul *Răsăritul Pământului*.

Mai târziu, Lovell a explicat cum a văzut Pământul: „Acolo, sus, e o lume în alb și negru. Nu există culori. În tot universul, oriunde te uitai, singura fărâmă de culoare era casa noastră, Pământul... Era cel mai frumos lucru pe care puteai să-l vezi pe cer. Oamenii de aici, de jos, nu-și dau seama ce comoară avem".

Anders a vorbit și el despre „imaginea uluitor de frumoasă a planetei noastre". Astronauții misiunii *Apollo* au văzut Pământul ca pe o planetă albastră, culoarea ei dominantă datorându-se amestecului armonios dintre albastrul cerului și albastrul oceanelor. Calotele polare albe arată unde se află zăpada, iar norii albi mereu schimbători indică existența unei atmosfere. Regiunile întunecate delimitează continentele. Emisfera scufundată în noapte e presărată cu lumini nu doar pe uscat, acolo unde sunt orașe și drumuri care le conectează, ci și pe mare: pescarii folosesc lumini ca să atragă prada în năvod, iar petroliștii de pe platforme ard gazele emanate de puțuri. Pământul ca planetă prezintă o varietate enormă de activități care au loc simultan.

Sintagma „planeta albastră", care desemnează cum se vede Terra din spațiul cosmic, a devenit atât descrierea exactă a Pământului, cât și, prin extensie, o metaforă pentru capacitatea sa de a susține viața, inclusiv pe noi, oamenii. Într-o conferință intitulată „Fără chenare, fără granițe", unul dintre astronauții misiunii *Apollo 9*, Russell „Rusty" Schweickart a descris elocvent cum vede un astronaut Pământul de pe Lună:

> Acest punct prețios din univers e atât de mic și de fragil, încât îi poți acoperi imaginea cu degetul. Și îți dai seama că pe acel mic punct, acea mică pată albastră și albă, se află tot ce este important pentru tine: dragostea, lacrimile, bucuriile, jocurile, toate

> sunt pe acel punct pe care-l poți acoperi cu degetul. Și, privindu-l din spațiu, îți dai seama că te-ai schimbat, că acum știi ceva nou, că relația ta cu planeta nu mai e ce-a fost.

Populația Terrei se află și ea în fotografia intitulată *Răsăritul Pământului*, dar e prea mică pentru a fi văzută. Suntem izolați pe planeta noastră minusculă într-un univers vast. După cum scria poetul american Archibald MacLeish, suntem toți împreună pe această planetă: „Să vedem Pământul așa cum este el cu adevărat — mic, albastru și frumos în tăcerea eternă în care plutește — e ca și cum ne-am vedea pe noi înșine, călătorind împreună pe Pământ, frați pe această minunăție luminoasă din mijlocul frigului veșnic — frați care știu acum că sunt cu adevărat frați". Imaginea a devenit una dintre fotografiile cele mai reproduse din toate timpurile.

În același timp, imaginea arată că Pământul, casa noastră, are o capacitate limitată de a ne susține. Suntem vulnerabili. Fotograful Galen Rowell a numit-o „cea mai influentă fotografie ecologistă făcută vreodată". A fost creditată cu meritul de a fi ajutat la declanșarea mișcării ecologiste internaționale.

Trebuie să ne protejăm mediul de viață deoarece Pământul se află în Zona Goldilocks a sistemului solar. În general, cu cât o planetă este mai apropiată de steaua-mamă (în cazul nostru, Soarele), cu atât temperatura ei este mai ridicată. În apropierea stelei, apa se transformă în aburi care se ridică și se împrăștie în spațiu, iar lipsa apei duce la dispariția vieții. Departe de stea, apa îngheață, iar reacțiile biochimice sunt imposibile, drept care viața este în stază. Într-o zonă cu temperatură moderată, o planetă — la fel ca terciul găsit de Goldilocks* pe masa urșilor — nu este nici prea caldă, nici prea rece, ci tocmai potrivită să permită existența apei în stare lichidă. În consecință, pe Pământ avem apă din abundență în oceanele unde a apărut și a evoluat viața, migrând apoi pe uscat, dar nu foarte departe de rezervele de apă.

A stabili dacă o anumită planetă se află în Zona Goldilocks a sistemului ei planetar reprezintă o modalitate destul de aproximativă de a stabili dacă ea poate susține viața, cu alte cuvinte, dacă este locuibilă. Dar există și alte criterii pe lângă distanța care separă planeta respectivă de soarele ei. Temperatura suprafeței sale nu depinde doar de cantitatea de căldură primită. Cheia o reprezintă existența sau inexistența atmosferei. Dacă atmosfera are nori albi, aceștia reflectă căldura înapoi în spațiu. În plus, în funcție de compoziția ei chimică, atmosfera va capta — prin efectul de seră — căldura care reușește să o străbată și să ajungă la suprafața planetei. Ambii sunt factori care joacă un rol important în determinarea temperaturii de pe Venus și Pământ.

Un alt efect important al atmosferei este faptul că deplasează căldura la suprafața planetei prin convecția aerului și prin vânturi, eliminând diferențele prin dispersia uniformă a căldurii. Pământul, de exemplu, oferă o distribuție destul de echilibrată a căldurii la suprafață, mulțumită structurii atmosferei sale.

Chiar și așa, temperatura variază de la o regiune la alta a unei planete. S-ar putea să existe și alte surse

---

* Fetița din povestea „Goldilocks și cei trei urși". (*N.r.*)

de căldură în afară de steaua-mamă — activitatea geotermică, de pildă. Așa încât, chiar și în afara Zonei Goldilocks s-ar putea să fie locuri în care temperaturile se situează între punctul de îngheț și punctul de fierbere al apei, astfel încât să existe apă în stare lichidă, care să susțină viața. Exemple în acest sens sunt sateliții lui Jupiter (Capitolul 10) și ai lui Saturn (Capitolul 13).

Pe Pământ, temperatura depinde de latitudinea locului în cauză: la poli e frig, iar la ecuator, cald. Aceasta deoarece intensitatea căldurii solare depinde de unghiul de incidență: lumina și căldura Soarelui sunt mai intense când cad direct pe suprafața planetei. Restul variațiilor depind de rotația planetei noastre și de înclinația axei de rotație.

Temperatura dintr-un anumit loc depinde de poziția în care se află planeta pe orbita ei în jurul Soarelui. Aceste variații provoacă succesiunea anotimpurilor, un efect care depinde mai ales de modul în care Pământul este orientat față de Soare. Dacă Polul Nord este înclinat către Soare, emisfera nordică este mai caldă — altfel spus, în emisfera nordică e vară, iar în emisfera sudică, iarnă. Pe măsură ce Pământul se rotește în jurul Soarelui pe durata unui an, axa lui de rotație își păstrează orientarea în spațiu, așa încât, după șase luni, vine rândul Polului Sud să fie îndreptat spre Soare, Polul Nord fiind îndreptat în cealaltă direcție. Înclinația axei terestre este de 23,5 grade, un unghi „bun", care ajută la uniformizarea căldurii solare de-a lungul anului.

Înclinația axei Pământului este cauza principală a ciclului anual al climei. Există și un efect paradoxal al excentricității orbitei terestre în jurul Soarelui. Pământul este cel mai aproape de Soare în prima săptămână a lui ianuarie (periheliu), iar cel mai departe, în prima săptămână a lui iulie (afeliu). Întrucât tremură de frig în toiul iernii, celor care locuiesc în emisfera nordică le vine greu să creadă că în ianuarie planeta se află cu aproape 5 milioane de kilometri mai aproape de Soare decât în iulie, când toată lumea transpiră de la arșiță.

Pe durata unui an, axa Pământului rămâne înclinată în aceeași direcție în spațiu, iar excentricitatea orbitei terestre rămâne constantă. Prin urmare, efectul se repetă an de an. Totuși, pe durate mai lungi, orbita Pământului se schimbă, așa încât dimensiunea efectelor se schimbă și ea. Axa Pământului oscilează cu o perioadă de 26 000 de ani, iar înclinația nu rămâne mereu de 23,5 grade, ci variază între 21,5 și 24,5 grade de-a lungul unei perioade de 41 000 de ani. Cu cât înclinația este mai mare, cu atât variația anotimpurilor este mai mare. Aceste variații sunt importante, dar de fapt sunt destul de limitate, dacă ne gândim la cât de mari ar putea fi. Motivul este că atracția gravitațională a Lunii stabilizează oscilația Pământului și face ca axa sa de rotație să fie mai stabilă decât dacă Luna n-ar fi atât de aproape și atât de mare — aceasta este o proprietate a Lunii benefică pentru noi. În plus, excentricitatea orbitei terestre se schimbă și ea; aceasta variază între o valoare apropiată de zero și una care este aproape dublul valorii actuale, într-un interval de 100 000 de ani.

În 1913, Milutin Milankovici, geofizician și inginer civil sârb, a calculat aceste trei variații ciclice ale orbitei terestre și modul în care afectau cantitatea de lumină solară ce cade pe suprafața Pământului. Aceste variații sunt denumite „cicluri Milankovici". El a calculat periodicitatea principală a combinației acestor efecte în epoca recentă a istorie planetei și a obținut valoarea de 100 000 de ani.

Timp de 50 de ani, rezultatele lui Milankovici au fost în mare măsură desconsiderate sau ignorate: oamenii de știință nu credeau că aceste schimbări simple și relativ mici ale felului în care radiația solară cade pe suprafața Pământului pot afecta clima. Totuși, în ultimele decenii, cercetările sale au fost preluate de climatologi, ca urmare a unor dovezi științifice potrivit cărora ciclurile Milankovici afectează într-adevăr clima.

Schimbările de temperatură de pe Terra influențează compoziția sedimentelor oceanice și a ghețarilor din Antarctica. Sedimentele depuse pe fundul oceanelor și zăpada care cade în Antarctica se depun în straturi anuale, iar compoziția fiecărui strat conține informații privind temperatura din momentul depunerii. Eșantioane de noroi și gheață au fost prelevate din straturile de sedimente și de zăpadă, de la o adâncime de câțiva kilometri. Studiind aceste eșantioane, geofizicienii pot distinge epocile glaciare. În ultimele 3 milioane de ani, ghețarii au avansat și s-au retras la intervale cuprinse între 40 000 și 100 000 de ani, iar ciclurile Milankovici sunt evidente în acest comportament periodic. Descoperirea lui Milankovici este considerată de Consiliul Național pentru Cercetări Științifice din cadrul Academiei Naționale de Științe a Statelor Unite ca fiind „de departe cazul cel mai clar de efect direct al schimbării caracteristicilor orbitale asupra atmosferei joase a Pământului".

Totuși schimbările climatice sunt complicate de schimbările din comportamentul Soarelui, de vulcanismul terestru și deriva continentală, de grosimea straturilor de nori și, în particular, de schimbările de compoziție ale atmosferei datorate emisiilor de gaze de seră — fie naturale, fie antropogene. La acești factori se adaugă și biosfera, care gestionează (sau perturbă) schimbările climatice, astfel încât planeta să rămână într-o stare de echilibru cu viața pe care o susține.

Acest principiu este cunoscut ca „ipoteza Gaia", formulată de chimistul James Lovelock. Gaia este zeița Pământului în mitologia greacă. Ipoteza sugerează că viața interacționează cu mediul său și formează un sistem cu autoreglare, care menține și dezvoltă condițiile în care viața poate să continue. Este unul dintre motivele pentru care viața a evoluat și a rezistat pe Pământ o perioadă atât de lungă, în fața unor modificări majore de mediu. La fel ca într-o locuință familială, în care părinții și copiii cresc împreună și modifică funcțiile camerelor (schimbând camera copiilor într-un dormitor pentru musafiri, de exemplu), Pământul și viața de pe planetă s-au dezvoltat de-a lungul timpului prin interacțiune reciprocă. De pildă, schimbările aduse de biosferă au modificat compoziția atmosferei terestre și a rocilor de suprafață. Până acum, schimbările au fost benefice susținerii și dezvoltării vieții, deși s-ar putea ca această situație să aibă de suferit ca urmare a efectelor negative ale emisiilor antropogene.

Cea mai spectaculoasă schimbare pe care viața a provocat-o pe Pământ a fost evenimentul numit Marea

Oxigenare, petrecut acum câteva miliarde de ani. În continuare voi face o scurtă prezentare a acestui proces.

Pământul s-a format prin acumularea de roci din nebuloasa care înconjura Soarele nou format. Pe măsură ce aceste roci se uneau și se sfărâmau prin compresie, eliberau gazele pe care le conțineau. Aceste gaze au format atmosfera terestră inițială — e vorba de aceleași gaze pe care le regăsim chiar și acum în planetele-gigant precum Jupiter și Saturn. Cu aproximativ 4,6 miliarde de ani în urmă, principalul gaz era hidrogenul, care s-a combinat chimic cu alte elemente pentru a forma vapori de apă (hidrogen și oxigen), metan (hidrogen și carbon) și amoniac (hidrogen și azot). Existau pe atunci, fără îndoială, și așa-numitele gaze nobile sau inerte, cum ar fi heliul, neonul și argonul. După criteriul prevalenței în univers, heliul și neonul se află pe locurile al doilea și, respectiv, al patrulea, dar nu se combină chimic cu nimic, așa încât nu pot fi ancorate de solide sau lichide. Ele sunt gaze foarte ușoare, care evadează cu ușurință în spațiul cosmic, astfel că, în prezent, atmosfera terestră nu mai conține nimic din heliul primordial, deși încă păstrează urme de neon.

Cu 4 miliarde de ani în urmă, vulcanii și asteroizii din Marele Bombardament Târziu au adăugat azot gazos și dioxid de carbon la acest amestec. Dioxidul de carbon a pătruns în apă și, în timp, s-a combinat cu mineralele din roci, dând naștere sedimentelor de carbonați de pe fundul oceanelor, astfel încât, cu 3,4 miliarde de ani în urmă, azotul a ajuns să alcătuiască mare parte din atmosfera planetei. Cele mai vechi fosile cunoscute sunt rocile numite „stromatolite", care datează cam din această perioadă — deși în rocile mai vechi au fost găsite amprente chimice care sugerează că viața a fost activă chiar și mai devreme. Stromatolitele s-au format prin acumularea de roci sedimentare create de straturile de cianobacterii, acestea fiind microbi monocelulari asemănători cu algele. Aceste straturi sunt înrudite cu păturile verzi plutitoare de alge lipicioase din apa mării sau a lacurilor, cunoscute sub numele de „inflorescențe de alge". Cianobacteriile fac fotosinteză: absorb dioxidul de carbon și, cu ajutorul luminii solare, activează o reacție chimică ce furnizează energie și masă corporală pentru ca organismul să trăiască. Reacția degajă oxigen liber.

La început, oxigenul a fost absorbit de metanul și amoniacul din atmosferă și de alte substanțe active chimic, cum ar fi fierul din roci. Dar, cu circa 2,4 miliarde de ani în urmă, cantitatea de oxigen produs a depășit-o pe cea de oxigen absorbit și astfel s-a produs Marea Oxigenare — pentru prima oară, atmosfera conținea oxigen liber. Aceasta a permis vieții să evolueze spre al doilea model de generare a energiei. În loc să absoarbă dioxidul de carbon și să folosească fotosinteza pentru a genera energie cu eliberarea de oxigen, animalele mâncau și digerau materiale bogate în carbon, cum ar fi plantele, folosind oxigenul pentru a genera energie și eliberând dioxid de carbon. În prezent, atmosfera terestră continuă să fie bogată în azot și a păstrat o cantitate mică de argon (azotul constituie 78% din atmosferă, iar argonul 0,9%), dar dioxidul de carbon a scăzut la 0,04%, în vreme ce oxigenul a crescut la 21%.

În acest fel, viața secretă a Pământului a fost legată în mod inextricabil de viața secretă a Vieții. Alte evenimente care au modificat cursul vieții pe această planetă, cum ar fi impactul unor asteroizi sau comete de mari dimensiuni, nu au fost la fel de blânde ca Marea Oxigenare. Un astfel de eveniment cu efecte majore asupra evoluției vieții pe planetă a avut loc în urmă cu 64 de milioane de ani în ceea ce era pe atunci o mare puțin adâncă (cam 100 de metri adâncime), situată în Mexic, pe locul actualei Peninsule Yucatan, în apropiere de portul pescăresc de la Chicxulub. Nu este clar dacă a fost vorba de un asteroid sau de o cometă, dar, pentru concizie și claritate, în cele ce urmează am să-l numesc asteroid, fără să uit că e doar o presupunere. Efectele evenimentului asupra Pământului au fost la început teribil de distructive, iar apoi transformatoare, la fel ca efectul unei mari catastrofe abătute asupra unei națiuni — poate ca exploziile nucleare din Japonia în timpul celui de-al Doilea Război Mondial, dar la o scară globală.

Asteroidul, cu un diametru de 10–15 kilometri, a avut nevoie de circa o secundă ca să traverseze rapid atmosfera, cu o viteză mult mai mare decât viteza sunetului. A împins aerul în lături, lăsând în urmă un tunel gol. A comprimat și încălzit aerul de la fundul tunelului și a plonjat în apa mării, creând aburi supraîncălziți în mai puțin de o secundă. S-a lovit de fundul mării și s-a dezintegrat, pulverizând și topind în câteva secunde rocile de pe fund, excavând în câteva minute un crater cu diametrul de 100 de kilometri și adâncimea de 30 de kilometri.

Cantitatea de material ejectat din crater a fost de 300 000 de kilometri cubi, fiind alcătuită din mii de miliarde de tone de fragmente de roci, amestecate cu apă marină. Fragmentele au explodat ca niște șrapnele și au fost imediat fatale pentru toate animalele — cum ar fi dinozaurii — aflate în zonă. Energia exploziei a fost egală cu cea degajată de 10 miliarde de bombe atomice de tipul celei de la Hiroshima, echivalând cu cantitatea de energie eliberată timp de un mileniu de întreaga activitate vulcanică terestră. Toată această grozăvie a fost opera energiei cinetice a asteroidului: același tip de energie care distruge un autoturism implicat într-un accident rutier. Un automobil cântărește circa două tone, în vreme ce asteroidul trebuie să fi cântărit de milioane de ori mai mult. Un automobil este distrus la o viteză de 65 km/h, însă asteroidul se deplasa cu 65 000 km/h, așa încât impactul s-a produs cu o energie de milioane și milioane de ori mai mare decât cea a unei ciocniri între automobile. Iată de ce impactul a provocat distrugeri atât de mari!

Impactul a creat o uriașă coloană de gaze fierbinți, aburi supraîncălziți și roci incandescente, un fel de fântână arteziană cu material încălzit la mii de grade care a țâșnit prin tunelul gol lăsat în atmosferă, învăluit rapid de un nor de deșeuri în formă de ciupercă. Animalele aflate în preajma coloanei încinse au fost carbonizate.

Căldura și explozia au împins spre exterior aerul din jurul zonei de impact într-o undă de șoc supersonică. Frontul de undă a ajuns fără niciun avertisment la turmele de dinozauri care păsteau liniștiți, la multe sute de kilometri distanță. Ceea ce până cu o clipă înainte fusese o scenă liniștită, tulburată doar de zgomotele specifice păscutului și de o strălucire neobișnuită deasupra orizontului, s-a transformat într-o cacofonie de zgomote teribile și vânturi de intensitatea tornadelor, care îi luau pe sus pe dinozauri, izbindu-i de stânci, și smulgeau din pământ arborii, transformându-i în bâte și lănci zburătoare.

Între timp, la locul impactului a fost dislocat un val masiv de apă. După aceea apa a început să umple din nou hăul apărut brusc în mare, năvălind cu forță pe versanții craterului imens și ridicându-se peste marginile lui. Valul gigantic rezultant se poate să fi avut 100 de metri înălțime — un tsunami enorm. În următoarele ore, acest val a măturat țărmul dinspre est și, în același timp, s-a revărsat spre Oceanul Atlantic, măturând regiunile de coastă. Animalele terestre au fost înecate de valul uriaș de apă care a inundat regiunile de coastă, în vreme ce viețuitoarele marine au rămas fără apă și s-au sufocat pe fundul mării. Valurile masive care i-au urmat primului au măturat cadavrele animalelor, odată cu nisipul și noroiul, și le-au depus în straturi pe uscat.

Ulterior, o parte din aceste straturi au devenit depozite de fosile. Un astfel de depozit este cel din Parcul de Fosile Edelman, aflat într-o carieră dezafectată din spatele unui magazin de bricolaj din Mantua, statul New Jersey. Depozitul a fost excavat în cadrul unui proiect științific cetățenesc de către Ken Lacovara de la Universitatea Rowan și studenții săi entuziaști. Oasele fosilizate și cochiliile animalelor preistorice atât terestre, cât și marine — dinozauri, crocodilieni, țestoase, pești, amoniți, brahiopode, moluște și bivalve — sunt amestecate acolo într-un strat gros de 10 centimetri specific unei morți în masă.

Dacă un asteroid de mari dimensiuni s-ar prăbuși în mare în viitorul apropiat — în nordul Oceanului Atlantic, de exemplu —, distrugerile ar fi similare. Tsunamiul s-ar propaga pe litoralul estic al Statelor Unite, pe coastele Europei de Nord — Norvegia, Irlanda, Marea Britanie, Franța și Portugalia — și pe coastele mai îndepărtate ale Americii de Sud și Africii. Numărul morților ar depinde de mărimea asteroidului și de locul impactului, dar s-ar putea ridica la câteva milioane.

Coloana de praf și rămășițe de deasupra zonei de impact de la Chicxulub a început să se disperseze. Căldura radiată de aceste rămășițe incandescente a declanșat incendii în pădurile din lumea întreagă. Fragmentele solide de roci proiectate în spațiu s-au deplasat pe orbită o vreme și apoi au căzut din nou pe suprafața Pământului într-o ploaie de meteoriți care a durat o vreme îndelungată. Rămășițele impactului au acoperit planeta, ele fiind identificabile ca strat geologic în stâncile de pe Pământ. Stratul respectiv poate fi distins de celelalte straturi și s-a demonstrat că are o origine extraterestră, deoarece conține iridiu într-o concentrație ridicată. Iridiul depus de asteroizi pe Pământ în perioada de formare a planetei s-a scufundat în cea mai mare parte în nucleul Pământului și este rar în straturile de suprafață. Materialul bogat în iridiu trebuie să fi fost adus de asteroizi după ce s-a format nucleul Pământului.

Stratul bogat în iridiu format în urma căderii asteroidului de la Chicxulub constituie granița KT. Ea separă straturile de roci din era cretacică de straturile din era terțiară. (KT este abrevierea adoptată în geologie pentru „cretacic-terțiar", iar „K" este inițiala cuvântului german *Kreide* — „cretă" —, folosit pentru a desemna rocile specifice cretacicului).

Pulberile fine reziduale — inclusiv sulfații din ghipsul de pe fundul mării din regiunea Yucatan — au rămas suspendate în atmosferă timp de câteva săptămâni, iar în unele locuri, până la câțiva ani. Aceste pulberi au blocat Soarele, cam la fel cum s-ar întâmpla după un schimb de atacuri cu arme nucleare într-un război, așa încât furtuna incendiară a fost urmată de o „iarnă nucleară". Planeta noastră albastră a devenit cenușie, cu gheață pretutindeni.

Aceste evenimente din urmă cu 64 de milioane de ani — la care s-au adăugat poate și erupțiile masive ale formațiunilor vulcanice numite Capcanele Deccan din India, care au avut loc în aceeași perioadă — au provocat o extincție pe scară largă a multor specii de animale de uscat, așa-numita „extincție KT". Totuși, în vreme ce majoritatea dinozaurilor au pierit, dinozaurii zburători, înzestrați cu pene, au reușit să găsească nișe încă prielnice vieții în tot acest dezastru și au supraviețuit evoluând în păsări. Animalele mici, care se hrăneau cu semințe, s-au ascuns în bârlogurile lor subterane și au supraviețuit, evoluând ulterior în mamiferele mari și mici — rozătoare, bovide, primate etc. — care domină acum pământul. Impactul de la Chicxulub a fost unul dintre numeroasele puncte de cotitură aleatorii — e drept, unul de mari proporții — din viața Pământului și a speciei umane, o cale evolutivă care în cele din urmă a avut ca rezultat apariția noastră.

Evenimentul de la Chicxulub a fost una dintre multele prăbușiri ale asteroizilor și cometelor pe Pământ. A creat al doilea mare crater cunoscut pe Terra, dar foarte puține urme ale acestuia au rămas vizibile în Mexic. De fapt, a fost descoperit în 1978 de Glen Penfield, un prospector petrolier, care, în timpul unei analize magnetice efectuate din avion, a observat un arc neobișnuit pe fundul mării, în apropierea unei câmpii acoperite de agave și tufișuri de lângă Chicxulub. Pe uscat, în dreptul arcului, nu se vede mare lucru, cu excepția unei albii puțin adânci și a unui arc de doline, care marchează prelungirea sudică a craterului.

Faptul că formele de relief circulare sunt rămășițe ale unui crater meteoric a fost confirmat prin descoperirea de cuarț, transformat în mineralele coezit și stișovit în urma șocului produs de impact. Aceste minerale sunt derivate din silice și sunt structuri dense și grele, asemănătoare sticlei. Coezitul a fost sintetizat în 1953 de chimistul industrial Loring Coes Jr., care a supus cuarțul la presiuni și temperaturi foarte ridicate. A fost găsit în craterele făcute de exploziile nucleare, dar nu a fost descoperit în nicio rocă naturală. Abia în 1960 geologii Edward Chao și Eugene Shoemaker l-au descoperit în craterul meteoritului Barringer din Arizona.

Stișovitul, denumit după fizicianul rus Serghei M. Stișov, prima persoană care l-a sintetizat, este un material asemănător, dar pentru formarea lui a fost nevoie de temperaturi și presiuni și mai mari. Și acesta a fost găsit în craterul meteoritului Barringer.

Prezența coezitului și stișovitului este criteriul cu ajutorul căruia se stabilește dacă un crater de origine necunoscută a fost produs sau nu de un meteorit. Ele sunt indicii grăitoare, ascunse în sol, ale unor evenimente catastrofale din viața secretă a Pământului, evenimente care până acum rămăseseră pierdute în trecut.

Craterul Chicxulub a dispărut aproape complet ca urmare a eroziunii, centrul gol fiind astupat de acțiunea factorilor atmosferici, și ca urmare a schimbărilor de relief produse de mișcarea plăcii tectonice a Americii de Sud (pe care este situat craterul) către America de Nord. Pământul este planeta pe care existența plăcilor tectonice este cât se poate de evidentă.

Dar care este originea plăcilor tectonice? Când Pământul trecea prin faza de formare, era în stare lichidă, fiind încălzit atât de energia eliberată când planetesimalele embrionare — asteroizii — s-au prăbușit din spațiu, cât și de radioactivitatea elementelor din nucleu. Fierul și elementele similare s-au lichefiat și au pătruns în centrul planetei. Temperatura a rămas ridicată în nucleul învelit într-o pătură de rocă, denumită manta, însă straturile exterioare s-au răcit. Planeta s-a stabilizat în straturile ei actuale, cu un nucleu dens din fier, înconjurat de o manta și o scoarță stâncoase; mantaua are două straturi: mantaua superioară (care e mai dură) și mantaua inferioară (care e mai maleabilă). Continuarea procesului de răcire a făcut ca porțiuni din scoarță și mantaua superioară să devină mai dense și să se scufunde în mantaua inferioară, în care au început să plutească, formând un fel de puzzle de plăci tectonice, care se mișcau și se ciocneau între ele. La ciocnire, plăcile mai dense se strecurau sub plăcile mai ușoare (proces numit „subducție"), dând naștere cutremurelor și creând falii prin care materialul topit de mai jos putea țâșni la suprafață sub forma unor vulcani explozivi.

Coliziunile dintre plăcile tectonice din jurul Oceanului Pacific sunt cauza așa-numitului Cerc de Foc, șirul de aproape cinci sute de vulcani care se întinde din Noua Zeelandă spre nord, traversând Filipine, Java și Japonia, apoi către est, spre Alaska, iar în cele din urmă spre sud, traversând coasta nord-americană și mexicană a Pacificului, apoi Peru și Chile. Plăcile mai ușoare care s-au ciocnit între ele s-au încrețit ca niște covoare care alunecă unul spre celălalt pe o podea lustruită și au format lanțuri muntoase ca Himalaya, Alpii, Anzii și Munții Stâncoși.

Faptul că Pământul are un nucleu dens a fost un secret descoperit în 1774 de Nevil Maskelyne, astronomul regal din acea vreme, cu ajutorul muntelui scoțian Schiehallion. El a pornit de la ideea de a verifica principiul gravitațional enunțat de Isaac Newton, potrivit căruia masele se atrag reciproc. Newton însuși sugerase cum ar trebui să se verifice acest principiu, dar nu și-a pus ideea în practică deoarece a crezut că efectul va fi prea mic pentru a putea fi măsurat. Societatea Regală din Londra a format „Comisia pentru Atracție" în scopul de a organiza un astfel de experiment.

Newton spusese că, în condiții normale, un pendul atârnă drept în jos în câmpul gravitațional terestru, însă, dacă pendulul ar fi dus în apropierea unui munte, muntele ar devia pendulul de la verticală. Modificarea unghiului de deviație — în raport cu stelele — putea fi măsurată, și astfel s-ar fi stabilit atracția laterală exercitată de munte, care putea fi comparată cu atracția verticală a Pământului. Muntele Schiehallion a fost ales pentru experimentul din 1774 deoarece este izolat față de alți munți, care ar fi putut afecta măsurătorile, și are pereți foarte abrupți, ceea ce permitea ca pendulul să fie apropiat de centrul de gravitație al acestuia și astfel să fie atras cu putere.

În timpul expediției de șase luni, Maskelyne a trebuit să se lupte cu condițiile atmosferice vitrege, întrucât norii învăluiau frecvent muntele (al cărui nume, potrivit lui Maskelyne, însemna la origine „furtuni nesfârșite"). Norii nu numai că îl împiedicau să observe stelele pentru a stabili verticala, dar îi afectau și măsurătorile pentru determinarea volumului muntelui și, prin urmare, a masei sale. Aceste măsurători au putut fi duse la bun sfârșit abia în anul următor. Putem să ne imaginăm cât de mare trebuie să fi fost bucuria topografilor dacă ne gândim că, la petrecerea organizată pentru a sărbători încheierea activității, aceștia au declanșat în mod accidental un incendiu care le-a ars tabăra în întregime. Cu ajutorul acestor măsurători s-a putut calcula masa Pământului, iar mai apoi s-a calculat densitatea medie a planetei. Valorile moderne dau o densitate medie a Pământului de 5,5 grame pe centimetru cub, față de densitatea medie a rocilor de la suprafața planetei, care este de circa 3 grame pe centimetru cub. De aici a rezultat că în interiorul Pământului trebuie să existe un nucleu cu o densitate mult mai mare.

Structura acestui nucleu a fost descoperită în 1936 de geofiziciana daneză Inge Lehmann. Ea studia undele seismice care traversează regiunile centrale ale planetei înainte de a fi detectate de seismometrele amplasate în alte zone ale suprafeței. Lehmann a constatat că nucleul este divizat în două părți. Un nucleu interior solid din fier și nichel, cu diametrul de 2 440 kilometri, temperatura de circa 6 000 °C și densitatea de 13 grame pe centimetru cub. Acesta este înconjurat de un nucleu exterior lichid, o pătură din fier și nichel, cu diametrul de 6 800 kilometri, densitatea de circa 10 grame pe centimetru cub și temperatura cu circa două mii de grade mai mică decât nucleul interior.

Convecția din nucleul exterior lichid este generată de căldura emanată de nucleul interior. Mișcarea circulară a fierului lichid generează un câmp magnetic, cam la fel cum acționează un dinam; rotația Pământului și frecarea cu nucleul interior solid joacă și ele un rol în generarea acestui câmp. Acest geodinam se află la originea câmpului magnetic terestru. El este aliniat cu axa de rotație a Pământului, dar nu cu exactitate: în prezent, polul nord al câmpului magnetic se află în Canada. De asemenea, câmpul magnetic nu este stabil: direcția în care este orientat câmpul magnetic se rotește în preajma polilor Pământului. Potrivit dovezilor geologice ale magnetismului terestru, încriptate în rocile bogate în fier, uneori polii magnetici pur și simplu se inversează.

Nimeni nu știe cum se întâmplă asta — este un secret complicat al vieții Pământului. Ce știm însă cu certitudine este că, pentru atmosfera terestră, câmpul magnetic constituie un scut esențial de protecție împotriva particulelor emise de Soare. Dovezile geologice legate de magnetism nu sunt suficiente ca să putem estima cât timp va rămâne Pământul fără câmp magnetic în momentul inversării polilor. Ani? Milenii? În acel moment, pentru o perioadă, atmosfera Pământului va rămâne fără apărare. Știm din dovezile fosile care documentează perioadele de inversare a polilor că acest eveniment nu va fi catastrofal, dar s-ar putea să nu fie tocmai plăcut.

Plăcile tectonice vor înceta să se mai deplaseze când straturile exterioare ale Pământului se vor fi răcit suficient pentru a se solidifica în întregime, poate în circa două miliarde de ani. Acesta va fi sfârșitul erei de formare a munților pe Pământ, iar lanțurile muntoase înalte se vor eroda treptat, devenind platouri deluroase. Vulcani individuali sau lanțuri de vulcani mici vor continua, poate, să se formeze deasupra punctelor mai slabe ale scoarței, cum se întâmplă în Hawaii sau pe Marte și Venus, două planete lipsite de plăci tectonice. Dar chiar și această activitate va înceta pe măsură ce Pământul se va răci și mai mult. Pământul va începe să moară. În cele din urmă, se va solidifica până și nucleul său din fier lichid și convecția va înceta. Câmpul magnetic al planetei noastre va dispărea complet și permanent. Spre deosebire de dispariția temporară a câmpului magnetic din perioada inversării polilor, această dispariție permanentă va fi catastrofală. Nemaifiind oprite de nimic, particulele solare vor pârjoli atmosfera. În absența presiunii atmosferice care să împiedice moleculele de apă să evadeze din apa marină, oceanele se vor evapora prin fierbere, ploile vor înceta, iar seceta va pune stăpânire pe uscat. Pământul își va pierde echilibrul și se va transforma în Marte.

# Capitolul 5

## Luna: aproape moartă

* Clasificare științifică: *satelit al Pământului.*
* Distanță față de Pământ: *384 000 de kilometri.*
* Perioadă orbitală: *1 lună (27 zile).*
* Diametru: *0,272 × diametrul Pământului = 3 474 km.*
* Perioadă de rotație: *sincronă.*
* Temperatură medie a suprafeței: *–20 °C.*
* Vanitate secretă: *„Pe Pământ se spune că sunt moartă, dar odinioară am fost puternică — ridicam munți în câteva minute, nu în milioane de ani, cât i-a trebuit Pământului să facă același lucru".*

Spre deosebire de Pământ, Luna este un satelit lipsit de aer, plin de praf, presărat cu urmele de pași ale peste douăzeci de astronauți, aparatură abandonată de aceștia și câteva sonde spațiale robotizate, dar foarte puține semne de viață. Printre acestea se numără și așa-numitul „microecosistem lunar" (Lunar Micro Ecosystem), un cilindru etanș care conține semințe și ouă de insecte, dus acolo pentru a se vedea cum ar putea crește împreună plantele și insectele într-o biosferă artificială. Dacă va fi să colonizăm Luna, va trebui să construim acolo un fel de grădină ca să obținem alimente, iar microecosistemul lunar a fost un experiment-pilot în această direcție. Ecosistemul a fost dus la polul sud al Lunii în 2019 de landerul chinezesc *Chang'e 4*. Totul a început bine, semințele fiind udate și încolțind, însă plăntuțele tinere au murit din cauza frigului în prima lor noapte lunară, când temperatura a scăzut la –50 °C. Ceea ce n-a fost un semn bun pentru planurile de colonizare a Lunii.

Luna face parte din viața noastră. Pe timpul nopții, ne furnizează lumină reflectată de la Soare, iar în locurile unde nu există lumină artificială, ea guvernează activitățile umane, chiar dacă o astfel de activitate ar însemna doar să stai pur și simplu la gura peșterii și să privești la marcajele cenușii de pe suprafața Lunii. Dat fiind că Luna își ține aceeași față spre Pământ, noi vedem mereu același aranjament de pete gri — chiar dacă ceea ce se deslușește în modelul lor variază de la o cultură la alta. Oamenii din culturile occidentale văd acele pete ca pe „Omul din Lună“ sau ca pe o bătrână care poartă vreascuri în spinare. În culturile asiatice (chineză, japoneză și coreeană) ele sunt văzute ca un iepure — acesta fiind motivul pentru care vehiculul spațial trimis să exploreze Luna în 2013 în cadrul misiunii *Chang'e* s-a numit *Yutu* („Iepurele din jad“), animăluțul de companie al lui Chang'e, zeița Lunii din mitologia chineză. Bineînțeles, noi vedem acel tipar prin fenomenul psihologic numit „pareidolie“: vedem un tipar acolo unde nu există niciunul în realitate.

Fazele Lunii, cauzate de raporturile schimbătoare dintre Lună, Soare și Pământ, se repetă de-a lungul unui ciclu regulat cu durata de o lună, adică timpul de care are nevoie Luna ca să parcurgă o orbită în jurul Terrei. Alături de zi și an, acest interval constituie o unitate de timp convenabilă, toate trei fiind folosite de oameni ca să-și pună ordine în viețile lor încă de acum multe mii de ani. Osul Ishango este peroneul unui babuin găsit de arheologi în Congo, folosit în paleolitic ca mâner de cuțit și marcat cu crestături ce semnifică fazele lunare pe o perioadă de șase luni. Nu se știe cu exactitate de când datează, dar estimările variază între 6 000 și 9 000 î.e.n. Mânerul de cuțit se poate să fi fost folosit de un vânător ca să țină socoteala unei călătorii lungi, poate ca să-și hotărască momentul întoarcerii acasă sau ca să prezică deplasările vânatului în timpul nopților luminate de lună. Pe de altă parte, cuțitele sunt folosite în mod curent în activitățile gospodărești, ceea ce sugerează că e posibil să fi aparținut unei femei, care s-a folosit de marcajele de pe mâner ca să-și urmărească perioadele de fertilitate.

De asemenea, Luna este responsabilă pentru activitatea mareică, atrăgând apa mării spre și dinspre țărmuri, fenomen prin care influențează atât viața animalelor marine — dictându-le când să mănânce, când să crească și când e vremea reproducerii —, cât și capacitatea noastră de a naviga pe apele marine.

La fel ca în cazul lui Mercur, suprafața Lunii este presărată cu nenumărate cratere de impact, cele mai multe dintre ele fiind create în cele două bombardamente care au avut loc în perioada de formare a sistemului solar. Asteroizii care s-au lovit de Lună cel mai recent sunt de obicei mai mici, astfel că au format cratere de dimensiuni mai reduse, presărate pe câmpiile mai vechi.

Între 1969 și 1972, astronauții din misiunile *Apollo* au lăsat în total șase seismometre pe Lună, care să caute „cutremure selenare". Acestea echivalează cu un echipament medical de monitorizare din unitatea de terapie intensivă a unui spital, care are rolul de a controla semnele vitale ale unui pacient, dezvăluind procesele nevăzute ce se petrec în interiorul corpului. Seismometrele au funcționat până în 1977 și au înregistrat sute de mici cutremure.

Unele seisme au venit din profunzimea Lunii, iar analiza lor a arătat structura interioară a lunii: un miez solid înconjurat de o manta. Cutremurele sunt provocate în nucleu de forțele mareice datorate Pământului, nu de plăcile tectonice.

Unele cutremure lunare provin din straturile de suprafață, fiind șocuri generate când rocile ies din noaptea rece selenară și sunt expuse brusc căldurii solare, astfel încât își măresc volumul, iar șocul se produce când solicitările rezultante sunt eliberate brusc. Mai există și cutremure generate de meteoriți care se prăbușesc pe Lună.

Atât NASA, cât și ESA monitorizează regiunile învăluite în noapte ale Lunii pentru a identifica aceste impacturi. La fiecare câteva ore, ei văd câte un fulger luminos scurt, care semnalează că a avut loc un impact. Extrapolând datele pentru a ține cont și de regiunile nemonitorizate și deci de fulgerele nedetectate, ritmul impacturilor ajunge la opt pe oră pe toată suprafața Lunii. Aceste fulgere provin de la impacturile meteoriților cu mase de câteva kilograme, fiecare lăsând probabil cratere cu diametre de câțiva metri, sub dimensiunea la care ar putea fi observate cu ușurință. Totuși, ocazional, sunt create și cratere mai mari. De la lansarea sa în 2009, sonda spațială *Lunar Reconnaisance Orbiter* a acumulat imagini multiple ale suprafeței lunare, permițând sesizarea schimbărilor. Astfel, s-a constatat că au apărut sute de cratere noi cu diametrul de peste 10 metri, într-un ritm de 180 pe an.

Aceste impacturi ajută la răscolirea stratului superior al solului lunar, un proces denumit „grădinărit". Primii doi centimetri ai solului lunar sunt răscoliți la fiecare 100 000 de ani. Dacă se va înființa o colonie permanentă pe Lună, va trebui să se țină cont de aceste impacturi, ceea ce explică interesul deosebit pe care NASA și ESA îl acordă acestui aspect. Luna nu este la fel de vibrantă și activă ca Pământul, dar nu este un astru mort și etern neschimbător, cum se spune uneori că ar fi.

Impacturile meteoriților au acoperit Luna cu praf. Există o fotografie de neuitat, reprodusă de nenumărate ori, realizată în 1969 de Buzz Aldrin, al doilea om care a pășit pe Lună și care și-a fotografiat urma lăsată de bocanc în praf. Ea a arătat inginerilor de la NASA aflați în Houston adâncimea și compoziția solului lunar și i-a ajutat să proiecteze roțile vehiculelor lunare pentru o mai bună tracțiune. Valoarea fotografiei nu se rezumă la aspectul tehnic. Ea a marcat într-un mod poetic momentul și locul în care oamenii au pășit pentru prima oară pe un alt astru.

*Apollo 11* a aselenizat în Mare Tranquillitatis (Marea Liniștii), o câmpie prăfoasă de lavă bazaltică. Este netedă, cu puține cratere și bolovani, fără riscuri pentru aselenizare, fără dealuri sau stânci înalte ori cratere adânci. Văzut din Baza Liniștii (cum a fost denumit locul aselenizării), peisajul lunar era scăldat în lumina nemiloasă a Soarelui care strălucea pe cerul negru din spatele Pământului — întrucât nu există atmosferă pe Lună, nu există nici aer și nici cer albastru. Umbra modulului lunar *Eagle* era bine definită și intensă. Relieful era foarte plat. Buzz Aldrin a descris priveliștea pe care o vedea de la geamurile lui *Eagle* după cum urmează:

> O să ajungem și la detalii legate de ceea ce se vede în jur, dar în linii mari peisajul pare să fie alcătuit din mai toate varietățile de forme, unghiuri și granulații, din mai toate varietățile de roci pe care le știm. Cât privește culorile, ei bine, ele variază în funcție de cum te uiți [relativ la direcția razelor solare]. Nu pare să fie vreo culoare predominantă. Totuși pare că unele dintre rocile și bolovanii de-aici, și nu-s deloc puțini în apropiere, ar putea avea unele culori interesante.

Iată ce le-a spus Armstrong celor de la Centrul de Comandă:

> Regiunea văzută pe geamul din stânga este o câmpie relativ netedă, cu un număr destul de mare de cratere cu diametre între 1,5 și 15 metri; se văd și câteva creste stâncoase scunde, de 6–9 metri înălțime, aș zice, și literalmente mii de cratere micuțe, de 30–60 centimetri presărate peste tot. Se văd câteva blocuri unghiulare la câteva zeci de metri în față, înalte de circa 60 de centimetri, care au muchii ascuțite. În fața noastră se vede și un deal.

Hotărât să trimită un prim mesaj de pe Lună cât mai memorabil, Neil Armstrong a ales să se concentreze asupra caracterului istoric al reușitei: „Un pas mic pentru un om, un pas uriaș pentru omenire". Privind în jur, el a descris peisajul astfel: „Are o frumusețe austeră, unică. Aduce cu regiunile deșertice din Statele Unite. E ceva diferit, dar e foarte frumos".

Buzz Aldrin a fost de aceeași părere:

> Oriunde mă uitam, vedeam caracteristicile detaliate ale peisajului lunar cenușiu, presărat cu mii de cratere mici și cu toate varietățile și formele de roci... În absența atmosferei, nu exista niciun fel de ceață pe Lună. Totul avea o claritate de cristal. „Minunată priveliște", am spus... Încet, mi-am lăsat ochii să absoarbă măreția neobișnuită a Lunii. Aspectul auster și tușele monocrome făceau că peisajul să fie într-adevăr frumos. Dar era o frumusețe diferită de tot ce mai văzusem înainte... O pustietate magnifică.

*Apollo 12* a aselenizat într-o regiune a Lunii asemănătoare Bazei Liniștii. *Apollo 13* a trebuit anulată. *Apollo 14* a aselenizat în apropiere de craterul Cone din formațiunea Fra Mauro, iar astronauții au dorit să privească în interiorul craterului, dar s-au rătăcit și au fost nevoiți să se întoarcă la bază, căci li se terminau proviziile. Aselenizarea lui *Apollo 15* a fost cea mai aventuroasă. Modulul lunar *Falcon* a coborât în 1971 pe o câmpie întunecată din vecinătatea lanțului Montes Apenninus, cel mai apropiat vârf fiind muntele Hadley. În cele trei zile petrecute pe Lună, astronauții s-au deplasat de două ori cu roverul lunar la Hadley Rille, o vale pe care a curs lavă topită, adâncind-o, căptușind-o cu magmă solidificată și făcând-o să aibă pereți abrupți. Au discutat dacă să intre în canal și să coboare pe fundul văii, dar rațiunea i-a făcut să renunțe la idee.

> Vedeam fundul văii — foarte neted și lat cam de 200 de metri — pe care se înălțau două stânci foarte mari. „Pare că am putea să coborâm pe fundul văii pe aici, pe partea asta, ce ziceți?", a întrebat plin de speranță Dave. Ba chiar s-a apropiat și a găsit o pantă netedă care cobora dinspre craterul St. George într-o viroagă ce ajungea până la fundul văii. „Hai să mergem cu vehiculul până acolo și să colectăm niște roci." „Dave, ești liber să te duci. Eu te-aștept aici", i-am spus. M-am gândit că poate am fi reușit să ajungem până jos și să ne și întoarcem, dar dacă mergeam cu vehiculul până acolo și acesta pățea ceva, n-am mai fi reușit să-l mai scoatem de acolo.

Craterele de pe Lună sunt aproape circulare, ca toate craterele produse de meteoriți. Nu contează unghiul de impact al corpurilor cosmice. Craterele nu sunt create prin dislocarea materialului lunar de către asteroid, ceea ce ar face ca găurile să fie eliptice. Ele sunt create prin vaporizarea sub suprafața Lunii a meteoritului și a rocilor pe care acesta le lovește. Gazul rezultant își mărește volumul și iese la suprafață printr-o explozie simetrică, care împinge rocile înconjurătoare în sus și în lateral.

Rocile înconjurătoare sunt pulverizate, rezultând un conglomerat de fragmente de rocă și praf. Neoprite de vreo urmă de aer, reziduurile exploziei țâșnesc în arcuri de cerc. Reziduurile pot lăsa urme care radiază dinspre crater. Unele impacturi de proporții, asemenea celui care a dat naștere craterului Tycho, au creat dâre ce se extind spre partea nevăzută a Lunii și chiar o înconjoară, ajungând din nou pe partea vizibilă a satelitului nostru natural. Tycho poate fi văzut cu ochiul liber, fiind punctul cel mai luminos de pe Lună.

Craterele lunare mai mici sunt simple, ca un castron pentru cerealele de la micul dejun. Craterele cu diametrul de peste 15 kilometri sunt mai complexe, având un pisc central — sau chiar un mic inel muntos intern — în locul în care rocile de suprafață au sărit în sus și în jos de câteva ori. Unele cratere mari au terase pe partea interioară a pereților, acolo unde versanții s-au prăbușit din locurile unde se înălțaseră.

Dacă un asteroid aterizează întâmplător pe peretele unui crater vechi, creează unul nou, suprapus peste celălalt. Exceptând cazurile în care pereții au fost distruși de un impact nou, pereții craterelor vechi s-au erodat într-o anumită măsură, dar nu din cauza factorilor climatici, ci ca urmare a încălzirilor și răcirilor repetate ale rocilor lunare pe durata unei luni, cât durează rotația Lunii. În timpul zilei lunare, temperatura este de circa 100 °C, pentru ca noaptea să coboare la –150 °C. Această variație mare a temperaturii face ca rocile să se dilate și să se contracte mult, fapt ce provoacă mici cutremure selenare și duce la desprinderea de fragmente și particule de praf, care se adaugă prafului generat de impactul asteroizilor.

Unele cratere lunare sunt uriașe. Cel mai mare este Bazinul Aitken, având un diametru de 2 500 kilometri, ceea ce înseamnă că ocupă cam un sfert din suprafața lunară. El se întinde peste polul sud al Lunii și, în cea mai mare parte, nu este vizibil, întrucât se află pe fața ei întunecată. Fundul craterului se află cam la 13 kilometri sub nivelul crestelor muntoase de pe marginea superioară a craterului. Este cea mai mare groapă din sistemul solar.

Cel mai mare crater de impact de pe partea dinspre Pământ a Lunii este Mare Imbrium („Marea Ploilor"), care are un diametru de 1 145 de kilometri și se vede cu ochiul liber de pe Terra. Dintre petele cenușiu-închis de pe Lună — așa-numitele *maria* („mări") —, Mare Imbrium este a doua ca mărime. La fel ca Bazinul Aitken, Mare Imbrium s-a format cu mult timp în urmă. Vârsta Bazinului Aitken a fost estimată prin numărarea craterelor mici din interiorul acestuia, așa încât nu este foarte precisă. Dar Mare Imbrium a fost datat cu precizie. Astronauții de pe *Apollo 15* au adus pe Pământ roci prelevate de acolo, iar acestea au fost datate ca având o vechime de 3,9 miliarde de ani.

Asteroidul care a lovit Luna și a creat Mare Imbrium a avut un diametru de circa 250 de kilometri. Mare Imbrium constă dintr-o regiune interioară plată, mărginită de trei inele muntoase, separate în câteva lanțuri, care au primit denumiri ce amintesc de lanțurile muntoase de pe Terra. Inelul exterior, care poate fi considerat peretele craterului, este alcătuit din Montes Caucasus, Montes Apenninus și Montes Carpatus. Inelul mijlociu de munți este Montes Alpes. Mai există un inel în interior, cu un diametru de 600 de kilometri, dar a fost în mare măsură îngropat de lava scursă în crater — fie ca o consecință imediată a impactului, fie la o dată ulterioară —, iar acum se prezintă doar ca niște dealuri și creste de mică înălțime. Inelele concentrice ale craterului s-au format când suprafața lunară a oscilat în urma impactului. Undele seismice provocate de impact au dat naștere unui relief haotic pe partea opusă a Lunii (la fel ca așa-numitul „relief straniu" de pe Mercur, provocat de impactul care a produs Caloris Planitia) și au creat pe suprafața lunară linii de falie. Dacă în acea perioadă s-ar fi aflat cineva pe Lună, ar fi simțit unda de șoc care s-a propagat pe toată suprafața astrului.

Fundul craterului Mare Imbrium se află la 12 kilometri sub piscurile de pe peretele craterului. Câmpul din exteriorul acestor pereți este presărat cu resturile aruncate din crater și cu șanțuri radiale săpate în relieful înconjurător de bolovani uriași proiectați cu mare viteză, asemenea ghiulelelor care distrugeau în vechime catargele și punțile unei corăbii de lemn.

Pe Pământ, lanțurile muntoase ale Apeninilor și Alpilor cresc milimetru cu milimetru, în urma coliziunii lente a plăcilor tectonice, ajungând la înălțimile pe care le au acum după milioane de ani de evoluție. Pe Lună, Montes Apenninus și Montes Alpes au țâșnit la înălțimi similare în doar câteva minute de activitate frenetică.

Există dovezi ale activității vulcanice de pe Lună, dar aceasta este nesemnificativă în comparație cu cicatricile lăsate de bombardamentul asteroizilor. Pe lângă câmpiile de lavă care umplu unele cratere, urmele vizibile includ și așa-numitele „canale sinuoase". Acestea sunt similare canalelor pe care le sapă râurile pe Pământ, așa că o vreme s-a crezut că ele au fost formate tot de apă. Dar se pare că, de fapt, aceste canale au fost săpate când lava a țâșnit de sub suprafața Lunii și s-a revărsat în șuvoaie, reacționând la schimbările de înălțime de la suprafață prin șerpuirea cursului, la fel cum fac râurile pe Pământ. Apoi lava s-a retras, lăsând în urmă canalele cu pereți abrupți vizibile astăzi. Astronauții se așteaptă — sau măcar speră — ca în viitor, când vor merge din nou pe Lună și vor putea să se deplaseze cu mai multă libertate pe suprafața ei, să descopere că aceste canale se continuă sub terminațiile lor aparente, plonjând sub suprafață sub forma unor „tuburi de lavă". Acestea sunt tunelurile pe unde s-a scurs lava, care s-a răcit la suprafață și a format un acoperiș solid înainte de a se retrage. S-ar putea ca aceste tuburi de lavă să servească în viitor ca tuneluri în care să poată trăi astronauții, când și dacă se va înființa o colonie lunară.

La limită, Luna aproape că poate fi considerată o planetă geamănă a Terrei. Se pare că sistemul Pământ-Lună s-a format în urma ciocnirii dintre un proto-Pământ, Gaia, cu altă protoplanetă, Theia, la scurt timp (în jur de 100 de milioane de ani) după formarea sistemului solar. Gaia avea cam 90% din dimensiunea Pământului, iar Theia era cât Marte. Pământul și Luna au reprezentat rezultatul coliziunii lor.

Ciocnirea a fost oblică și a făcut ca Pământul să se rotească o dată la fiecare cinci ore. Luna se învârtea pe o orbită circumterestră mult mai apropiată decât cea de astăzi. Forțele mareice dintre cele două corpuri au blocat Luna în așa fel încât să aibă îndreptată spre Pământ mereu aceeași emisferă; de-a lungul a miliarde de ani, procesul de disipare a energiei realizat de forțele mareice a consumat energie atât de la orbita Lunii, cât și de la rotația Pământului. Astfel, Luna s-a retras la distanța ei actuală față de Terra și continuă să se retragă cu 4 centimetri pe an. Pământul și-a încetinit rotația, ziua lungindu-se de la cinci ore la douăzeci și patru de ore, cât este acum. Procesul de încetinire a rotației continuă și în prezent.

Ambele protoplanete, Gaia și Theia, aveau o structură de tip nucleu-manta. Cele două nuclee din fier s-au contopit în unul singur, ca două picături de ploaie care se unesc în timp ce se preling pe un geam. Pământul a rămas cu un nucleu foarte mare, iar Luna, aproape fără nucleu. Dat fiind că era atât de mare, nucleul Terrei a rămas lichid până în ziua de azi, generând un puternic câmp magnetic și protejându-ne atmosfera, ceea ce a permis ca planeta noastră să susțină viața și evoluția speciei umane. Materialele care alcătuiau mantalele celor doua protoplanete s-au amestecat și s-au împărțit între Pământ și Lună. În consecință, rocile lunare au în esență aceeași compoziție ca mantaua terestră.

Dacă viața începuse deja pe proto-Pământ înaintea acestui eveniment, impactul a făcut ca procesul să se reia de la zero, pentru că a încălzit Pământul și Luna probabil până la 1 000 °C. Orice apă în stare lichidă de pe proto-Pământ s-ar fi evaporat. Apa care există acum pe planeta noastră trebuie să fi fost eliberată de activitatea vulcanică ce a urmat impactului sau a fost adusă aici ulterior de asteroizii și cometele care s-au ciocnit de Pământ. Însă, deși poate că a avut un efect negativ asupra dezvoltării vieții pe proto-Pământ, ciocnirea a avut apoi un efect pozitiv asupra dezvoltării Terrei. Prin înclinarea axei terestre la 23,5 grade, Luna i-a dăruit Pământului anotimpurile, ceea ce a creat varietatea stimulatoare a climatelor de pe suprafața planetei noastre. În plus, Luna care a rezultat după ciocnirea dintre Gaia și Theia a fost atât de mare, încât a limitat oscilațiile axei de rotație a Pământului, care ar fi făcut ca schimbările sezoniere să fie extreme. Ciclul anotimpurilor de pe Pământ — poezia plină de culoare a primăverii, nemișcarea înghețată a iernii, ploile torențiale ale musonilor, arșița adusă de siroco — își are originea în acest eveniment unic.

# Capitolul 6

## Marte: planeta războinică

* Clasificare științifică: *planetă terestră.*
* Distanță față de Soare: *1,52 × distanța Pământ-Soare = 227,9 milioane de kilometri.*
* Perioadă orbitală: *687 zile.*
* Diametru: *0,532 × diametrul Pământului = 6 792 km.*
* Perioadă de rotație: *24,6 ore.*
* Temperatură medie a suprafeței: *–65 °C.*
* Temere secretă: *„Chiar îmi place să fiu gâdilată când sondele spațiale sunt parașutate pe suprafața mea, dar nu aștept deloc cu nerăbdare momentul când satelitul meu, Phobos, o să cadă peste mine".*

Marte este Planeta Roșie — la fel de roșie, se spune, ca sângele, o culoare în armonie cu zeul războiului, după care a fost denumită. Este planeta al cărei nume a fost dat celei mai cunoscute mișcări din suita orchestrală a lui Gustav Holst, *Planetele,* care descrie în termeni muzicali caracteristicile acestora, pe baza personalităților lor, așa cum sunt descrise în astrologie. Holst era interesat de multă vreme de astrologie, iar interesul i-a sporit în 1913, când a plecat să-și petreacă vacanța în Spania alături de Clifford Bax, fratele compozitorului Arnold Bax. Clifford Bax era astrolog și l-a învățat pe Holst aspectele tehnice ale acestui domeniu. Astrologia a devenit „viciul de suflet" al lui Holst, care era încântat să alcătuiască horoscoapele prietenilor săi.

Mișcarea din deschiderea suitei *Planetele* se numește „Marte, cel care aduce războiul", acordurile ei insistente și sacadate evocând imaginea înfricoșătoare a unui război mecanizat — tancurile au fost folosite pentru prima oară în timpul Primului Război Mondial, care era în plină desfășurare în perioada în care Holst își compunea suita. Planeta este ușor recognoscibilă: nu există nimic altceva pe cer care să aibă această culoare și strălucire în afara stelei Antares, al cărei nume înseamnă „rivalul lui Marte". Solul de pe suprafața lui Marte este cel care îi dă culoarea, el fiind alcătuit în principal dintr-un mineral asemănător ruginii roșcate care se formează pe obiectele din fier și oțel în prezența apei.

Marte este planeta cea mai asemănătoare cu Pământul din sistemul solar. Este considerabil mai mică, diametrul său fiind jumătate din cel al Terrei. Este mult mai rece și mai aridă, dar și-a început viața la fel ca Pământul, cu 4,6 miliarde de ani în urmă, caldă și umedă, cu o pătură atmosferică groasă și apă din abundență. Dacă ar fi existat oameni pe Pământ la acea vreme, s-ar fi uitat pe cer și ar fi văzut-o, probabil, ca pe o planetă albastră, nu roșie. Dar totul s-a schimbat cu circa 4 miliarde de ani în urmă, când situația a luat o turnură proastă. La fel ca Venus, Marte a suferit o catastrofă climatică globală, al cărei motiv a rămas până de curând un secret ascuns în nucleul său. Dar Marte continuă să aibă o atmosferă, iar peisajul său are o aparență terestră.

Adevărata natură a suprafeței marțiene a ieșit la iveală în Epoca Spațială. Progresele științifice au fost dobândite cu greu. Peste jumătate din misiunile spațiale lansate spre Marte vreme de 50 de ani, începând cu 1960, nu au fost duse la bun sfârșit. Marte și-a câștigat printre oamenii de știință din domeniul spațial reputația unei planete care își păzește secretele cu strășnicie. Prilejurile bune pentru lansare se repetă la fiecare doi ani, un interval enervant de lung pentru a aștepta să faci o a doua încercare (și să plătești echipajul misiunii care stă în așteptare).

O mare parte din costurile unei misiuni intră în dezvoltarea navei spațiale, iar protocolul cere să construiești și o navă de rezervă, pentru eventualitatea în care prima suferă un accident nefericit, așa încât misiunile spațiale au fost adesea lansate în perechi.

Misiunile care intenționează să coboare pe suprafața unei planete cu atmosferă pot folosi parașute ca să asolizeze, dar caracteristicile atmosferei marțiene variază foarte mult în timp și de la o zonă la alta. Este foarte dificil să prezici cu câțiva ani înainte, în timpul fazei de proiectare a misiunii, ce va întâlni vehiculul când va ajunge acolo. De exemplu, dacă atmosfera este mai rarefiată decât de obicei și aerul este mai cald, parașutele s-ar putea să nu frâneze suficient coborârea, astfel încât e posibil ca vehiculul să se ciocnească prea violent de suprafața planetei. Traiectoria misiunii trebuie să fie foarte bine calculată, deoarece unghiul de intrare în atmosferă este esențial. Dacă traiectoria este aproape verticală, vehiculul plonjează prea rapid și este distrus la aterizare; dacă este mai mult orizontală, vehiculul riscă să ricoșeze din atmosferă și să se întoarcă în spațiul cosmic. Este o manevră dificilă.

Bineînțeles, deși au o importanță critică, coborârea și asolizarea sunt doar sfârșitul călătoriei. Vehiculul trebuie mai întâi să supraviețuiască lansării și călătoriei propriu-zise, păstrându-și intacte mecanismele și echipamentul electronic. Lansarea poate să decurgă prost și racheta să explodeze, vibrațiile lansării pot fi prea violente și să deterioreze echipamentul ca urmare a vibrațiilor sau nava spațială poate fi trimisă pe o traiectorie greșită. În timpul călătoriei, echipamentul ar putea fi afectat de mediul spațial, fie că e vorba de vid, radiații sau impactul cu meteoriți. În vid, țesătura parașutei își poate pierde suplețea și se poate sfâșia, radiația cosmică poate topi sau bloca unele subansambluri mecanice, iar un meteorit care se deplasează cu o viteza relativă de zeci de mii de kilometri pe oră ar putea lovi nava în plin, provocând pagube colosale.

În cazul unui eșec al misiunii, este deprimant să vezi fețele posomorâte ale oamenilor de știință din sala de control când își dau seama că munca lor s-a irosit — nu numai munca pe care au făcut-o deja pentru construirea astronavei, dar și munca pe care ar fi urmat să o facă în timpul investigațiilor științifice. Ar putea fi un eveniment esențial pentru evoluția unei cariere, mai ales pentru un absolvent care vrea să-și dea doctoratul. O teză în care se spune „am construit niște echipamente și am scris zece capitole despre ele, dar n-am avut niciodată șansa să le folosesc“ nu are aceeași greutate ca una în care primul capitol este dedicat echipamentului și celelalte nouă sunt despre datele obținute cu ajutorul lor despre suprafața unei alte planete.

Am urmărit echipa care a realizat landerul britanic *Beagle 2*, în timp ce acesta cobora spre Marte în ziua de Crăciun 2003. Membrii echipei nu reușeau să stabilească contactul cu el și, mohorâți, se agățau cu obstinație de speranța slabă că vor putea să identifice problema, să găsească o soluție și să-l activeze. Acesta părea să fi asolizat cu bine, dar panourile solare nu se deschiseseră complet, astfel că antena radio nu putea fi orientată corespunzător. Atmosfera lui Marte era mai caldă și mai puțin densă decât se anticipase, deci poate că nava se lovise de sol cu o viteză prea mare și fusese deteriorată.

Oamenii de știință care au pregătit misiunea *Beagle 2* sperau să contribuie la investigațiile menite să stabilească dacă există viață pe Marte. Este un lucru greu de făcut prin simpla observare a planetei de pe Pământ, cu ajutorul telescopului, deși telescoapele pe care le au la dispoziție astronomii amatori în zilele noastre arată cu ușurință caracteristicile discului marțian. Fizicianul și astronomul italian Galileo Galilei a fost primul care, în 1610, a folosit un telescop mic pentru a vedea planeta, dar, din cauză că telescopul era prea mic și dotat cu un sistem optic neperformant, n-a reușit să distingă vreun marcaj de suprafață. Prima trăsătură de relief care a putut fi descrisă a fost descoperită în 1659 de astronomul olandez Christiaan Huygens. El a observat și a desenat o formațiune triunghiulară întunecată, pe care a descris-o ca fiind o mare baltă. La acea vreme, se credea despre petele cenușii similare de pe Lună că ar fi mări (*maria*, în latină), astfel că Huygens a mers pe același fir logic.

De fapt, în ambele cazuri, e vorba de roci și minerale colorate diferit față de restul suprafeței.

Urmărind aparițiile repetate ale acestei formațiuni triunghiulare, Huygens a putut să determine perioada de rotație a lui Marte, cu alte cuvinte „ziua" planetei. O zi marțiană poartă numele de „sol". Este cu doar 37 de minute mai lungă decât cele 24 de ore ale zilei terestre.

În comparație cu Pământul, Marte este de două ori mai departe de Soare, iar „anul" său este considerabil mai lung — 687 de zile terestre, față de cele 365 de zile cât are anul Pământului. Înclinația sa față de orbită este de 25,2 grade, fiind similară cu cea a Pământului — de 23,5 grade. În consecință, Marte are cicluri zi-noapte și anotimpuri la fel ca ale Pământului, dar iernile sunt mult mai reci și durează mai mult. Orbita lui Marte se schimbă cu timpul, iar anotimpurile și ciclurile climatice variază și ele considerabil. În prezent, temperatura la suprafață oscilează între 20 °C ziua și –140 °C noaptea. Cel mai rece loc de pe Pământ este Domul Fuji, un dom de gheață pe platoul înalt din Antarctica, unde temperatura scade până la –80 sau –90 °C.

În 1666, astronomul italo-francez Giovanni Cassini a descoperit că Marte are calote polare. Acestea pot fi văzute cu telescopul ca niște pete albe la polii lui Marte: una crește în dimensiuni pe timpul iernii, iar cea din emisfera opusă se micșorează pe timpul verii. Calotele polare sunt depozite de gheață și gheață uscată (sau gheață carbonică), groase de 2–3 kilometri, cu margini abrupte. Sunt înconjurate de câmpii acoperite cu straturi de gheață care se topesc primăvara. Mai exact, sublimează. Sublimarea este procesul prin care un solid se transformă în gaz fără a mai trece prin starea lichidă. Așa-numita „gheața uscată“ este o gheață din dioxid de carbon care trece din starea solidă direct în cea gazoasă — deci sublimează. Cu ajutorul ei sunt produse efectele de fum sau de ceață în timpul reprezentațiilor teatrale. În mod normal, gheața obișnuită (cea formată din apă) se topește în apă lichidă înainte de a se transforma în gaz („abur“), dar sublimează direct în gaz dacă presiunea atmosferică este joasă, așa cum este pe Marte. Primăvara, când gheața își pierde stăpânirea asupra uscatului, solul de pe pante rămâne liber și alunecă la vale. Când solul se prăvălește pe câmpia de dedesubt, un praf roșu se ridică în aer. Aceste alunecări de teren pot fi văzute din spațiu, cu toate că, desigur, zgomotul lor infernal nu poate fi perceput, deoarece sunetul nu se propagă în vid.

Atmosfera lui Marte este mult mai rarefiată decât cea terestră și este alcătuită din dioxid de carbon, azot și argon. Prin urmare, compoziția ei este asemănătoare cu cea a atmosferei Pământului, atât doar că nu există oxigen, care pe Terra este generat de vegetație, în timp ce pe Marte aceasta lipsește complet. Deși rarefiat, aerul marțian permite formarea norilor. Unii dintre ei sunt îndeajuns de mari pentru a fi văzuți de pe Pământ. Uneori, pot fi văzuți cum coboară împinși de vânt de pe culmea unui munte. Un fenomen similar poate fi observat câteodată în vârfurile zgârie-norilor sau la capetele aripilor unui avion cu reacție.

În 1840, bancherul și astronomul german Wilhelm Beer împreună cu colegul său Johann von Mädler au realizat primele hărți ale lui Marte, în care se vedeau regiunile întunecate ce rămâneau fixe. Inițial, au fost descrise ca zone umede. Păreau să aibă culori și intensități variabile, iar astronomul francez Emmanuel Liais a sugerat în 1860 că ar fi vorba de vegetație. El credea că schimbările s-ar fi datorat variațiilor sezoniere. În cele din urmă, acestea s-au dovedit a fi schimbări de vizibilitate cauzate de furtunile de praf. Astronomul italian Giovanni Schiaparelli a cartografiat Planeta Roșie în 1877 și a denumit regiunile întunecate „continente", „insule" și „golfuri". El a crezut că vede numeroase *canali* („canale") lungi și drepte, care conectează unele dintre formațiunile geografice.

Omul de afaceri american Percival Lowell și-a folosit averea ca să înființeze un observator în Flagstaff, statul Arizona, pentru căutarea lui Pluto și observarea lui Marte. El a văzut schimbările de culoare ale regiunilor întunecate și le-a corelat cu schimbările calotelor polare. Când o calotă polară își reduce dimensiunea, o centură întunecată verde-albastră îi mărginește limita exterioară, retrăgându-se pe măsură ce calota polară continuă să se micșoreze. În plus, un val de întunecime se rostogolește în josul canalelor spre ecuator. Totul arată ca și când o rezervă de apă ar revigora vegetația, la fel ca inundațiile sezoniere din Valea Nilului. O combinație între necunoașterea subtilităților limbii italiene și speranța că pe Marte ar putea exista viață l-a făcut pe Lowell să interpreteze termenul *canali* ca desemnând „canale artificiale" și să vadă niște oaze în zonele pe care acestea le traversau. El și-a imaginat liniile drepte ca fiind vegetație crescută de-a lungul acelor canale artificiale (așa cum crește de-a lungul Nilului) ce conectau întinderile de apă cu oaze de vegetație. În opinia lui, canalele fuseseră săpate de marțieni ca un sistem de irigații care să combată seceta perpetuă prin aducerea apei de la calotele polare. Astfel, s-a răspândit credința că Marte ar fi o planetă veche, pe cale de a deveni aridă, ai cărei locuitori ar căuta să colonizeze Pământul, întrucât propria lor planetă era pe moarte.

Această idee a fost făcută celebră de H.G. Wells în romanul *Războiul lumilor*, publicat în 1898. Frazele de deschidere au o rezonanță înfiorătoare, așa cum sunt rostite de Richard Burton în versiunea muzicală a cărții realizată de Jeff Wayne în 1978:

> Nimeni n-ar fi crezut, în ultimii ani ai secolului al XIX-lea, că inteligențe mai puternice decât cele omenești, deși la fel de muritoare, cercetau cu pătrundere și atenție lumea noastră, că în timp ce se preocupau de diferitele lor treburi, oamenii erau urmăriți și examinați, poate tot atât de minuțios cum, la microscop, un om examinează vietățile efemere care mișună și se înmulțesc într-o picătură de apă.

Imaginea creată de Wells este fascinantă, dar fictivă. În 1909, după ce a observat planeta Marte prin marele telescop de la Meudon, din apropierea Parisului, astronomul francez de origine turcă Eugenios Antoniadi a conchis că, de fapt, „canalele" erau interpretări fanteziste ale unor structuri neclare văzute prin atmosfera terestră instabilă și că nu erau reale. Și, într-adevăr, sondele spațiale trimise spre Marte în Epoca Spațială au confirmat că aceste canale nu există!

Pentru a se stabili natura adevărată a lui Marte era nevoie de o inspecție de la mică distanță. Prima misiune de vizitare a planetei încununată de succes a fost una de survolare. A fost vorba de sonda *Mariner 4*, care a trecut pe lângă Marte în 14–15 iulie 1965, a înregistrat datele strânse pe un magnetofon special și le-a retransmis apoi spre Pământ fără presiunea timpului, după ce survolarea planetei s-a încheiat. Imaginile solului de sub traiectoria de survol prezentau o suprafață plină de cratere. Totuși ceea ce a „văzut" *Mariner 4* nu era ceva tipic. Din întâmplare, sonda a zburat pe deasupra uneia dintre cele mai vechi regiuni ale planetei. Marte nu are plăci tectonice, iar atmosfera sa este rarefiată, așa încât craterele formate pe suprafețele vechi de până la 3,8 miliarde de ani nu au fost niciodată șterse de eroziune.

Prima sondă spațială care a intrat pe orbită în jurul lui Marte — și, de fapt, prima care a orbitat în jurul unei alte planete decât Pământul — a fost *Mariner 9*, care a ajuns acolo pe 14 noiembrie 1971. Momentul sosirii a coincis cu o furtună de praf globală, suprafața planetei fiind complet acoperită. Oamenii de știință nu au putut să vadă decât un nor lipsit de caracteristici. Ghinionul i-a dezamăgit pe cei aflați în camera de control.

Pe Marte, furtunile de praf sunt frecvente. Adesea sunt mici tornade, care, când se produc pe Pământ, sunt denumite „diavoli de praf". Unele populații indigene de pe Pământ consideră că diavolii de praf sunt, de fapt, spirite. Aceștia sar la întâmplare de pe o colină pe alta, asemenea unor antilope sau altor viețăți agile puse pe fugă. Unul a trecut la câțiva metri de mine în timp ce mă plimbam în preajma telescoapelor de la Observatorul Astronomic al Africii de Sud din deșertul Karoo. Mi-a readus în minte o imagine dintr-o carte de povești pe care am citit-o în copilărie, *O mie și una de nopți*, în care era și povestea lui Aladin. Diavolul de praf a zăbovit impunător în apropierea mea, la fel cum, în acea imagine, duhul din lampă îl domina pe Aladin. Era lat în partea de sus, la fel ca umerii duhului din poveste, și continua în spirală în jos, îngustându-se până la un fuior de praf, la fel ca partea de jos a duhului. Am auzit un șuier când a trecut. Nu mi-e deloc greu să înțeleg de ce diavolii de praf pot fi văzuți ca niște făpturi vii și amenințătoare.

Diavolii de praf marțieni rătăcesc prin deșertul Planetei Roșii, deplasându-se cu viteză și schimbându-și direcția într-un mod care sugerează o intenție și, în același timp, pare aleatoriu. Ei tulbură straturile de suprafață, dând la iveală materialul mai închis la culoare de sub praful roșu. Văzut din spațiu, materialul mai întunecat dezvelit de diavoli seamănă cu niște mâzgălituri ce marchează parcursul acestora prin deșert.

Furtunile de praf marțiene pot fi mult mai mari decât aceste tornade — atât de mari, încât uneori pot fi văzute de pe Pământ, acoperind relieful marțian, și pot să persiste câteva luni. Furtunile răscolesc praful nisipos și ușor care, dacă privești de pe suprafața lui Marte, acoperă complet Soarele. Praful poate pluti deasupra panourilor solare ale unui vehicul robotizat care străbate suprafața planetei, reducând energia necesară deplasării acestuia și făcându-l să se oprească. Dacă vântul îndepărtează praful într-un timp scurt, vehiculul se poate trezi la viață după ce Soarele îi realimentează bateriile. Dar, dacă furtuna de praf durează mai mult, iar bateriile se descarcă complet, vehiculul poate suferi din pricina frigului. Asta s-a întâmplat în 2018 cu roverul *Opportunity*, care și-a încetat funcționarea în urma unei furtuni de praf ce a cuprins întreaga planetă. Pare improbabil că acesta se va mai trezi la viață, astfel că oamenii de știință de la NASA s-au văzut nevoiți să-l abandoneze și să-și îndrepte atenția asupra următoarelor misiuni.

Vântul suflă praful pretutindeni, acoperind în întregime suprafața planetei, chiar și calotele polare, care capătă o structură stratificată, ca un tort cu straturi de ciocolată și frișcă — un strat de praf se depune peste gheață, apoi gheața se formează din nou și este iar acoperită de praf. Furtunile de praf cele mai mari au loc vara, când curenții de convecție duc la formarea de vânturi puternice, care ridică praful. Iar dintre aceste furtuni de vară cele mai puternice se produc în emisfera sudică a planetei. Motivul pentru acest lucru este faptul că, întâmplător, Marte este considerabil mai aproape de Soare pe perioada verii din emisfera sudică a planetei decât pe perioada verii din emisfera nordică. Prin urmare, vara sudică este mai caldă decât vara nordică, iar curenții de convecție sunt mai puternici atunci, astfel că furtunile de praf sunt și ele mai puternice. Odată începute, furtunile mari pot dura săptămâni sau luni.

Oamenii de știință nu se dau bătuți ușor. Pentru că sonda a ajuns la destinație într-o perioadă în care nu se putea vedea nimic, controlorii lui *Mariner 9* au amânat explorarea suprafeței lui Marte, așteptând ca praful să se reașeze, lucru care s-a întâmplat după două luni, la mijlocul lui ianuarie 1972.

Răbdarea le-a fost răsplătită din plin, căci *Mariner 9* a dat la iveală structura reliefului marțian. Astfel, roverul a văzut vulcanii recent formați, dintre care cel mai mare este Olympus Mons, înalt de 24 000 de metri. Dacă ne gândim că cel mai înalt munte de pe Pământ, Everest, are 8 848 de metri, observăm că Olympus Mons este de aproape trei ori mai înalt. Cel mai mare vulcan de pe Pământ este Mauna Loa, care cuprinde aproape în întregime cea mai mare insulă a arhipelagului Hawaii, înrădăcinat adânc în Oceanul Pacific de sub el. Olympus Mons are un volum de 100 de ori mai mare. Tocmai datorită dimensiunilor sale a primit acest vulcan de pe Marte un nume atât de măreț. Pe Pământ, muntele Olimp era sălașul zeilor. Olympus Mons este asociat cu un număr de alți vulcani concentrați într-o regiune vulcanică a Planetei Roșii denumită Provincia Tharsis. Acolo există structuri care arată ca niște scurgeri de lavă recente, vechi poate doar de câteva milioane de ani, dar nu au fost observate vreodată erupții active sau scurgeri de lavă și se pare că nu există o activitate seismică violentă (cutremure marțiene).

În 1972, *Mariner 9* a descoperit și un sistem de canioane — mai exact, o vale de rift, Valles Marineris, care a preluat numele satelitului. Canionul se întinde pe 4 000 de kilometri de la est la vest, de-a lungul ecuatorului. Este lat de 600 de kilometri și adânc de 7 kilometri. În comparație cu Marele Canion din Arizona, Valles Marineris este de cinci până la zece ori mai mare în toate dimensiunile. Dar, în același timp, *Mariner 9* a arătat că relieful cel mai comun de pe Marte îl constituie câmpiile vaste și aride, roșii sau galbene.

Misiunile revoluționare care au scos la lumină o mare parte din viața secretă de pe Marte au fost cele efectuate de sondele spațiale *Viking* în anii 1975 și 1976. Au fost două la număr. Fiecare a fost compusă din câte două părți: un lander și o navă-mamă, care a rămas pe orbită în jurul lui Marte după asolizarea landerului. Cele două landere au fost primele care au coborât pe suprafața lui Marte. *Viking Lander 1* a rămas operațional timp de șase ani, iar *Viking Lander 2,* trei ani. Acestea au căutat, dar nu au reușit să găsească urme biochimice — suprafața era sterilă. Se pare că nu există viață pe suprafața lui Marte — sau cel puțin nu există forme de viață care să fi fost puse în evidență prin testele realizate de aparatura de pe lander.

Marea surpriză a fost că aceste misiuni au furnizat dovezi că odinioară vaste cantități de apă acopereau zone întinse ale planetei. Dovezile au constat în structuri geologice care în mod normal sunt create de apă. Astfel, s-au găsit zone plate cuprinse în interiorul unor bazine închise — în mod evident, mâl consolidat pe fundul lacurilor. Aceste lacuri au format straturi de argilă. Argila este un cuvânt care în vorbirea curentă are o utilizare destul de largă, dar în geologie are o semnificație precisă. Straturile aplatizate au fost investigate ulterior cu ajutorul unor sateliți orientați în jos, pentru determinarea compoziției chimice. S-a demonstrat în mod categoric că structura lor chimică este alcătuită din minerale depuse de apă, ceea ce a confirmat că, pe vremuri, părți din Planeta Roșie s-au aflat sub apă.

Sondele din cadrul programului *Viking* au văzut pe Marte sisteme de văi alcătuite din văi mai mici, sinuoase care se uneau cu văi mai mari aflate la un nivel mai jos — în mod evident, albii secate de pâraie și de râuri.

Caracteristicile unor sisteme de văi sugerau că pâraiele și râurile au curs pe uscat pe sub staturile de gheață sau pe sub ghețari. În plus, s-au găsit alte dovezi sub forma unor „insule" în formă de lacrimă înălțate deasupra câmpiilor, în aval de obstacole precum pereți de cratere. Țărmurile acestor insule aveau forma unor faleze înalte de sute de metri, măturate și erodate de un potop violent. Unele câmpii erau presărate cu bolovani rotunjiți, rostogoliți cândva de ape curgătoare. Astfel, s-au înmulțit dovezile potrivit cărora, în trecut, Marte a avut apă în abundență, într-o perioadă care a fost denumită „noachian", după numele zonei Noachis Terra („Ținutul lui Noe") din sudul planetei — o referire la Noe și la potopul biblic.

Apa este o premisă obligatorie pentru viață. Pe Pământ, viața a început în oceane, probabil în apele adânci din apropierea zonelor active vulcanic de pe fundul mării. Chiar dacă vietățile oceanice s-au târât pe țărmurile marine și acum sălășluiesc pe uscat, trebuie să bea apă ca să-și reîmprospăteze apa pierdută prin procesele biologice. Apa este necesară ca solvent pentru reacțiile biochimice care fac viața să funcționeze. Dovezile că în trecut au existat pe Marte cantități mari de apă au dat naștere presupunerii că s-ar putea să se mai găsească în unele locuri cantități mici și au constituit un imbold pentru căutarea mai atentă și pe o scară mai largă a posibilelor urme de viață.

Ritmul explorării lui Marte s-a întețit începând din 1980 — lansări mai puține, dar cu misiuni de durată mai lungă, care au făcut mai multe descoperiri. Începând din 2010, au fost în permanență între patru și opt sonde spațiale active pe și în jurul lui Marte. Cele mai spectaculoase vehicule sunt cele care au coborât și s-au deplasat pe suprafața marțiană. Aceste vehicule comandate de la distanță (denumite „rovere") au dimensiuni cuprinse între o măsuță de cafea și o mașinuță de golf, fiind capabile să parcurgă distanțe între 100 de metri și zeci de kilometri. Cele mai recente rovere sunt capabile să selecteze un loc interesant de vizitat, prin comunicare cu Pământul, și să-și croiască drum până acolo, parțial autonom, ocolind obstacolele în mod independent. Semnalele radio au nevoie de până la 25 de minute ca să ajungă de la Marte la Pământ sau invers, așa încât ar putea trece cu ușurință o oră între momentul în care roverul vede un obstacol și cel în care primește de pe Pământ o comandă care să-i spună cum să-l ocolească. Este mult mai rapid când decizia se ia la fața locului! Printre studiile efectuate se numără cartografierea suprafeței, analizarea compoziției rocilor și studierea atmosferei și a câmpului magnetic marțian.

Culoarea roșie a lui Marte se datorează stratului de praf care acoperă planeta. Acesta se răspândește în atmosferă și colorează cerul în oranj. Praful este alcătuit din diferite varietăți de hematit — un mineral de oxid feric roșu sau oranj, asemănător ruginii. De regulă, acest mineral se formează în apă și a fost găsit în abundență în regiunea Terra Meridiani a planetei. În 2004, *Opportunity Rover* a coborât în acea regiune pentru investigații, pornind de la supoziția că, dacă în Terra Meridiani au fost mari cantități de apă, trebuie să se găsească acolo și urme de viața marțiană. *Opportunity* a găsit regiuni acoperite cu mici sfere compuse dintr-un tip de hematit format în apă, care este mai puțin roșu decât de obicei. Când imaginile realizate de *Opportunity* au fost prelucrate pentru a scoate în evidență aceste globule, „mai puțin roșu" a devenit, prin exagerare, „albastru", iar globulele au fost denumite „afine" de echipa care a coordonat misiunea *Opportunity*. Afirmația că pe Marte ar exista afine nu echivalează cu o declarație privind descoperirea vieții acolo!

Câmpul magnetic al lui Marte este slab, având de regulă mai puțin de 1% din intensitatea câmpului magnetic terestru. Este foarte slab deasupra ținuturilor joase nordice, unde scoarța terestră este mai recentă, deasupra regiunilor cu cratere mari și adânci și deasupra zonelor vulcanice active. Este mai intens în regiunea podișurilor înalte din sud, care este o zonă mai veche, neafectată de impacturi gigantice sau de vulcanism.

Câmpul magnetic al Pământului nu influențează puternic viața cotidiană a planetei noastre, deci poate fi scuzabil să considerăm câmpul magnetic al unei planete ca neimportant. Dar intensitatea slabă a câmpului magnetic marțian este motivul pentru care planeta s-a schimbat din umedă și caldă în aridă și rece, după cum poate explica de ce viața n-a început niciodată pe Marte sau, dacă a început, de ce n-a explodat, astfel încât să devină o trăsătură dominantă a planetei, cum s-a întâmplat aici, pe Pământ.

Câmpul magnetic terestru ia naștere în principal din acel dinam intern, fiind cauzat de mișcările circulare din nucleul de fier topit al planetei. Înconjurând Pământul și atmosfera acestuia, el se extinde în spațiu până la o distanță de 400 000 de kilometri, adică până dincolo de orbita Lunii. Volumul care cuprinde acest câmp magnetic se numește magnetosferă. Marte a avut cândva o astfel de magnetosferă, generată de un dinam, care i-a magnetizat rocile mai vechi (știm asta datorită urmelor reziduale de magnetism din rocile vechi găsite acolo). Însă dinamul și-a încetat funcționarea.

Iar dinamul și-a încheiat funcționarea pentru că mișcările circulare din nucleul de fier lichid al lui Marte au încetat. De ce s-a întâmplat acest lucru rămâne unul dintre secretele încă nedescoperite ale lui Marte. Probabil că, fiind o planetă mică, nucleul s-a răcit rapid și a devenit cleios, după care s-a solidificat. Poate că structura internă a lui Marte este diferită de cea a Pământului, iar mecanismul care creează mișcările circulare în interiorul Pământului nu există în cazul lui Marte. Un lucru bun este că nucleul de fier al Terrei este mai mare și conține mai mult material radioactiv decât cel al lui Marte, iar suprafața nucleului, pe unde acesta se răcește, este proporțional mai mică. Deși nucleul se răcește, va dura multe miliarde de ani până să se solidifice, așa că sigur nu se va întâmpla în timpul vieții noastre — un lucru mai puțin pentru care să ne facem griji!

Câmpul magnetic din jurul rocilor mai vechi este câmpul magnetic slab, rezidual al lui Marte. Rocile în care câmpul magnetic este ancorat s-au format pe Marte înainte de închiderea dinamului. Rocile similare care au fost inițial magnetizate și-au pierdut magnetismul dacă au fost încălzite de vulcanism sau de impacturile meteoriților (la temperaturi mai mari de câteva sute de grade) și s-au topit, după care s-au resolidificat. Iată de ce nu există vreo urmă de câmp magnetic în rocile de pe fundul bazinului Hellas, un crater meteoric de mari dimensiuni din emisfera sudică.

Rocile formate recent, după închiderea dinamului, n-au avut niciodată un câmp magnetic. Cele din emisfera nordică a lui Marte sunt în general mai tinere — această emisferă este mai plată și mai joasă decât emisfera sudică deluroasă, fiind formată din câte se pare în urma scurgerilor vulcanice și a depunerii sedimentelor. Oricare ar fi motivul, rocile din emisfera nordică sunt mai recente, așa încât câmpul magnetic este deosebit de slab deasupra jumătății nordice a planetei.

Slăbirea câmpului magnetic marțian din cauza solidificării nucleului a avut efecte devastatoare asupra planetei. Magnetosfera terestră se extinde până dincolo de Lună și ne protejează atmosfera de vântul solar, un flux puternic de particule încărcate electric emanate de Soare. În schimb, Marte nu are parte de această protecție. Câmpul său magnetic este slab și se extinde deasupra emisferei sudice doar până la o înălțime de, să zicem, 1 500 de kilometri. În cazul cel mai bun, scutul său magnetosferic devine îndeajuns de puternic pentru a forma un fel de apărare doar aproape de suprafața planetei. În consecință, particulele încărcate electric din vântul solar interacționează cu atmosfera și o încălzesc. Astfel, moleculele atmosferice sunt expulzate în spațiul cosmic cu viteze de peste 400 km/s.

Cu atmosfera împuținată, suprafața lui Marte este expusă luminii ultraviolete și radiației solare, care ar fi mortale pentru formele de viață de la suprafața planetei. O atmosferă rarefiată mai înseamnă și că presiunea este de 1% din presiunea atmosferică terestră, prea mică pentru ca apa lichidă să existe la suprafața planetei, iar efectul

1. În imaginea furnizată de sonda spațială *Messenger*, Caloris Platinia (Bazinul Caloris) de pe Mercur apare ca un crater enorm umplut cu lavă revărsată, care a acoperit şi craterele meteoritice mai vechi de pe suprafața acestuia. În prezent, bazinul are fundul presărat cu cratere meteoritice mai recente, formate după solidificarea lavei. Culorile din imagine au fost prelucrate astfel încât să se poată diferenția mineralele (de exemplu, lava este colorată în nuanțe de maro).

2. Scurgerile de lavă de pe Venus se întind pe sute de kilometri în jurul vulcanului Maat Mons, înalt de 8 000 de metri, acoperind câmpiile fracturate din prim plan. În această imagine radar obținută de sonda spațială *Magellan*, relieful este redat fidel, dar scara verticală și culorile sunt exagerate, iar în realitate cerul nu este negru.

3. În drumul lor spre Lună, astronauții de pe *Apollo 17* au realizat această fotografie cu o cameră foto manuală, îndreptată înapoi spre Pământ. În ea se vede clar Africa, ascunsă doar în mică parte de nori, și Antarctica, acoperită de gheață și o pătură groasă de nori. India tocmai intră în noapte la marginea din dreapta a fotografiei.

4. Sonda spațială *Viking Orbiter* a fotografiat rețelele de văi secate de pe Marte, care arată că, pe vremuri, existau râuri care brăzdau ceea ce acum este un deșert.

5. Pe măsură ce căldura zilei slăbește strânsoarea gheții care ține laolaltă dunele de nisip din apropierea polului nord marțian, nisipul alunecă în jos pe pante și dă la iveală materialul întunecat de sub suprafață. Fotografia a surprins praful roz-roșcat ridicat de o alunecare de teren care tocmai avusese loc — micul nor se vede sub centrul fotografiei, în partea stângă.

6. Marele crater Stickney este forma de relief cea mai proeminentă de pe Phobos, cel mai mare dintre cei doi sateliți naturali ai lui Marte. Din crater radiază niște șanțuri care sau au fost făcute de bolovanii rostogoliți pe suprafața lui, sau au apărut când Phobos a traversat un nor de roci ejectate de pe Marte. Satelitul are forma de cartof a unui asteroid. Imaginea a fost obținută de *Mars Reconnaissance Orbiter*.

7. Această fotografie realizată de sonda spațială *Dawn* înfățișează peretele lateral al unui crater de pe Ceres care s-a prăbușit atunci când gheața, liantul ce ține laolaltă solul acestui asteroid, și-a slăbit strânsoarea.

8. Trecerea norilor pe lângă Marea Pată Roșie de pe Jupiter. Imagine obținută de misiunea spațială *Juno*.

9. Când sonda spațială *New Horizons* a trecut pe lângă Jupiter în 2007, a surprins o erupție a vulcanului Tvashtar de pe satelitul Io, coloana de cenușă proiectată în spațiu având o înălțime de 300 de kilometri.

10. În această imagine realizată de sonda spațială *Galileo*, se observă câmpiile înghețate ale satelitului Europa, presărate cu crăpături și șanțuri, colorate de săruri rezultate în urma evaporării. Pătura de gheață a satelitului plutește pe un lac sărat aflat dedesubt.

11. Inelele de gheaţă ale lui Saturn strălucesc în lumina slabă a Soarelui în această imagine obţinută de sonda spaţială *Cassini*, orientată spre partea nordică a inelelor, care este mai întunecată.

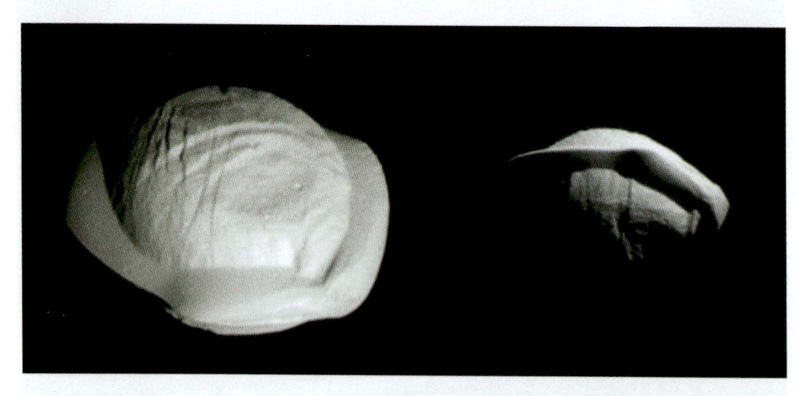

12. Pan s-a format în interiorul inelelor lui Saturn, acumulând material din inele şi căpătând în timp o formă rotunjită; acest proces a avut loc atunci când inelele planetei erau mai tinere și mai groase. În schimb, creasta subţire din jurul ecuatorului s-a format prin acumularea de material din inelele atunci când acestea erau mai subţiri.

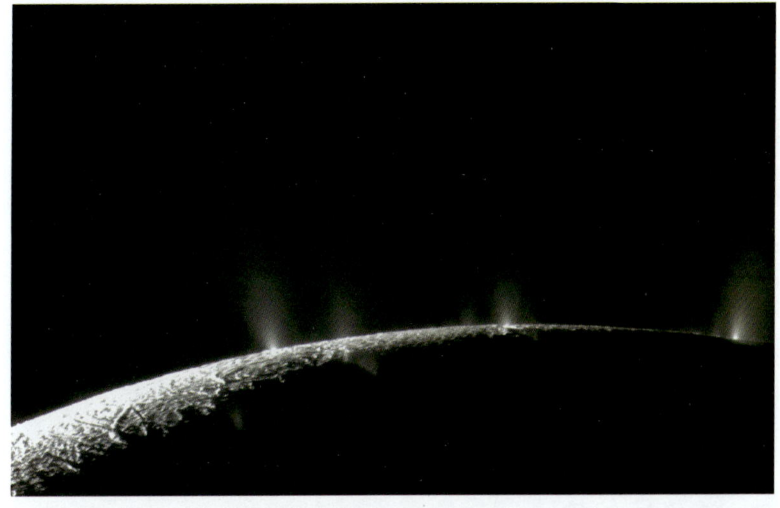

13. Jeturile de particule de gheață, luminate din spate de Soare, erup ca niște gheizere din interiorul lui Enceladus în multe locuri situate de-a lungul „dungilor de tigru".

14. *Lander*-ul *Huygens* a făcut o fotografie a suprafeței lui Titan de pe fundul de lac pe care a asolizat. Peisajul presărat cu bolovani de gheață se întinde sub o atmosferă maronie, cu aspect de smog.

15. Această imagine obținută de sonda spațială *New Horizons* înfățișează blocuri uriașe de apă înghețată îngrămădite într-un lanț muntos de pe Pluto înalt de până la 2 kilometri. Munții se sfârșesc abrupt la granița așa-numitei Sputnik Planitia, o câmpie din interiorul unui crater de mari dimensiuni, a cărei suprafața texturată formată din gheață moale de azot este aproape plană, fiind divizată în celule poligonale.

de seră slab înseamnă că în regiunile polare, pe timpul nopții, temperatura poate să scadă până la –140 °C.

Biografia planetei care reiese din aceste descoperiri spune că pe vremuri Marte era o planetă caldă și umedă, cu lacuri și cratere inundate de apă. Avea o atmosferă densă și multă apă lichidă și gheață. Apa se acumula la suprafață și forma lacuri cu fund plat de argilă. Toate acestea s-au schimbat destul de brusc când Marte și-a pierdut câmpul magnetic. Câmpurile sale de gheață și ghețarii s-au topit, apa acumulându-se în spatele barajelor de gheață. În cele din urmă, barajele s-au topit și au eliberat curenți masivi de apă, care apoi s-a evaporat. Marte a devenit în cea mai mare parte locul arid și rece care este astăzi.

Dacă ar fi avut la dispoziție timp și mai mult noroc în păstrarea magnetosferei, este posibil ca pe Marte să se fi dezvoltat viața, chiar și făpturile extraterestre de genul celor imaginate de H.G. Wells. Dacă s-ar fi întâmplat asta, probabil că ne-am fi confruntat cu un „război al lumilor" adevărat. Dar nu s-a întâmplat. Există speranța ca unele forme de viață primitivă să se fi dezvoltat demult, în noachian, și să fi supraviețuit până acum în medii de nișă. Acesta este unul dintre secretele lui Marte pe care cercetătorii speră să-l scoată la lumină.

# Capitolul 7

## Meteoriții marțieni: așchii sărite din trunchi

* Clasificare științifică: *Phobos și Deimos, sateliții lui Marte.*

* Distanță față de Marte:

Phobos: *0,024 × distanța dintre Pământ și Lună = 9 377 km;*

Deimos: *0,061 × distanța dintre Pământ și Lună = 23 460 km.*

* Perioadă orbitală:

Phobos: *7,66 ore;*

Deimos: *30,3 ore.*

* Diametru:

Phobos: *2 km;*

Deimos: *13 km.*

* Perioadă de rotație: *Sincronă.*

* Temperatură medie a suprafeței: *–40 °C.*

* Datorie secretă: *„Veniserăm doar în vizită, dar, când am ajuns aici, Marte ne-a oferit spațiu și a insistat să rămânem".*

Marte are doi sateliți mici, de formă neregulată, denumiți Phobos și Deimos — care în greacă înseamnă Spaima și Groaza (sau Frica și Teroarea). Ambii sateliți au fost descoperiți în august 1877 de astronomul Asaph Hall de la Observatorul Naval al Statelor Unite din Washington, DC. Hall și-a propus de la început să determine dacă Marte are sateliți și și-a dat seama că circumstanțele observaționale erau deosebit de favorabile în acel an, în care Pământul se afla neobișnuit de aproape de Marte. Întrucât Planeta Roșie era atât de luminoasă, el a încercat să cerceteze amănunțit regiunile din apropierea planetei, în speranța că va desluși sateliți în acea strălucire.

Pe 11 august, Hall a surprins un punct luminos slab în apropiere de Marte și abia a avut timp să-i măsoare poziția înainte ca ceața provenită de la fluviul Potomac să-i închidă fereastra observațională. Vremea înnorată l-a împiedicat să lucreze câteva zile, cu toate că a dormit la observator ca să poată profita de orice interval de claritate, oricât de scurt. Chiar și după ce norii s-au risipit, o furtună izbucnită în apropiere a înrăutățit atât de mult condițiile meteo, iar imaginea lui Marte era atât de instabilă, încât nu a putut să vadă nimic. Dar a găsit din nou satelitul pe 16 august. A fost atât de mândru de descoperirea lui încât, în entuziasmul său, nu a putut să o țină doar pentru el:

> Până în acest moment, n-am spus nimănui de la observator că mă aflu în căutarea unui satelit al lui Marte, dar când am plecat de acolo după observațiile din 16 august, pe la trei dimineața, i-am spus asistentului meu, George Anderson, căruia îi arătasem obiectul, că, după părerea mea, descoperisem un satelit al lui Marte. I-am spus totodată să-și țină

> gura, pentru că nu voiam să anunț nimic până când nu eram absolut sigur. El n-a spus nimic, dar era un lucru atât de frumos, încât nu m-am putut abține eu. Pe 17 august, între orele 13 și 14, în timp ce îmi prelucram observațiile, profesorul Newcomb a intrat în cabinetul meu ca să-și mănânce prânzul și i-am arătat măsurătorile obiectului slab luminos din apropierea lui Marte, care dovedeau că acesta se mișca odată cu planeta.

Mai târziu în acea noapte, Hall a descoperit și al doilea satelit:

> Timp de câteva zile, satelitul interior a fost o enigmă. Apărea în diferite părți ale planetei în aceeași noapte și inițial am crezut că sunt doi sau trei sateliți interiori, întrucât mi se părea foarte puțin probabil în acel moment ca un satelit să se rotească în jurul planetei sale într-un timp mai scurt [7 ore și 39 min] decât perioada de rotație a planetei [24 ore și 36 min]. Ca să rezolv această enigmă, am urmărit satelitul pe toată durata nopților de 20 și 21 august și am văzut că, de fapt, exista un singur satelit interior.

Hall a înțeles imediat comportamentul straniu al sateliților, așa cum erau văzuți de pe Marte:

> Nu trebuie să te gândești prea mult ca să-ți dai seama cât de ciudată ar putea fi apariția acestor doi sateliți pentru un locuitor al lui Marte. Datorită

mișcării rapide a satelitului interior, acesta va răsări la vest și va apune la est și — întâlnindu-se și depășind satelitul extern — își va parcurge toate fazele în [șapte ore, de două ori într-o zi marțiană].

Numele sateliților, Deimos pentru cel exterior și Phobos pentru cel interior, i-au fost sugerate lui Hall de Henry Madam, un profesor de la Colegiul Eton, care s-a inspirat din Cântul XV al *Iliadei*.

> [...] Ares*, cu mâinile-ntinse de jale,
> Bate-se-n coapsele-i tari, se vaietă și cuvântează:
> „Zeilor olimpieni, să nu vă-nciudați voi acuma
> Dacă mă duc la război. Eu voi să răzbun numai moartea
> Fiului meu; nu-mi pasă nici chiar de mă fulgeră Zeus
> Și mi-o fi scris între leșuri, în sânge și-n praf să-mi dau duhul".
> Asta rostind, a zorit apoi Groaza și Spaima să-nhame
> Caii, iar el s-a încins cu armele-i scânteietoare.**

Familia Madan are meritul de a fi botezat trei corpuri cerești pe baza unor aluzii clasice. Henry Madan era fratele lui Falconer Madan, bibliotecar la Biblioteca Bodleiană a Universității Oxford. Fiica de 11 ani a lui Falconer, Venetia Burney, a sugerat numele planetei Pluto (Capitolul 16); în mitologia romană, Pluto era zeul

---

* Zeul războiului în mitologia greacă, al cărui corespondent roman este Marte. (*N.r.*)

** Homer, *Iliada*, trad. George Murnu, Editura Univers, București, 1985, p. 329. (*N.r.*)

infernului, iar planeta este foarte depărtată de Soare, drept care este rece și întunecată, așa cum își imaginau anticii infernul.

Ambii sateliți marțieni sunt mici, Phobos fiind cel mai mare. Nu au nicidecum o formă sferică, ci mai degrabă aspectul de cartof al asteroizilor. Într-adevăr, o teorie privind originea lor spune că sunt asteroizi capturați la trecerea prin apropierea lui Marte. Orbita lui Phobos este atât de apropiată de Marte (la numai 5 800 de kilometri de suprafața planetei, în comparație cu distanța de 400 000 de kilometri care ne separă de Lună), încât forțele mareice generate de gravitația marțiană îl trag în jos. El se apropie de Marte cu aproape 2 metri în fiecare secol. În cele din urmă, sau se va dezintegra în fragmente mici și va crea un sistem de inele, asemenea celor ale lui Saturn, sau se va prăbuși pe Marte în 50 de milioane de ani. Așadar viața lui Phobos se va sfârși într-un timp relativ scurt, printr-unul dintre evenimentele spectaculoase menționate.

Suprafața lui Deimos este, cu excepția craterelor de impact, netedă și acoperită cu rocă pulverizată și praf. Cea mai mare denivelare de pe suprafața lui Phobos este un crater cu diametrul de circa 9,5 kilometri. A fost botezat Stickney, după numele de fată al soției lui Asaph Hall. Suprafața din jurul lui este acoperită cu aproximativ zece ansambluri de șanțuri și dâre. Ele radiază dinspre zona din față a lui Phobos — adică dinspre „botul“ său, dacă ni-l imaginăm pe Phobos ca având fața îndreptată în direcția deplasării lui pe orbită. O teorie susține că șanțurile au fost formate de bolovanii rostogoliți de la locul impactului ce a cauzat formarea craterului Stickney. Potrivit unei alte teorii, șanțurile ar fi fost formate de mai multe coliziuni între satelit și alte roci aflate pe orbita lui Marte, așa cum partea frontală a unei mașini ar avea de suferit dacă mașina ar fi condusă cu viteză prin granulele aruncate pe șosea pentru topirea gheții. Aceste roci au fost probabil proiectate în spațiu chiar de pe suprafața lui Marte.

Sistemul solar este plin cu astfel de fragmente de rocă ce provin de pe Marte. Peste o sută dintre ele au fost descoperite pe Pământ, unde au căzut ca meteoriți. Această familie de fragmente mici a fost aruncată în spațiu de pe suprafața Planetei Roșii în urma impacturilor unor asteroizi. „Așchia nu sare departe de trunchi" este un vechi proverb referitor la copiii care seamănă cu părinții lor, o expresie care descrie în mod adecvat aceste progenituri marțiene.

Primul meteorit marțian a fost văzut căzând pe Pământ cu un zgomot asemănător unei salve de muschete la ora 8:30 în dimineața zilei de 3 octombrie 1815, în apropiere de Chassigny, în regiunea franceză Burgundia. A lăsat în urmă o dâră de fum. Un om care și-a început munca devreme într-o vie apropiată a văzut ceva căzând din nori cu un sunet șuierător, ca o ghiulea de tun. (Acest eveniment a avut loc în momentul când Franța încheia perioada de decenii a Războaielor Napoleoniene; mulți dintre francezi erau familiarizați cu zgomote cazone, ca acelea de muschete și tunuri.) Viticultorul a dat fuga să vadă despre ce era vorba. Într-o mică groapă din terenul de curând arat, el a găsit niște pietre fierbinți la atingere, ca și cum ar fi fost încălzite de soare. Pietrele s-au dovedit a fi meteoriți.

Un al doilea meteorit marțian a fost văzut și auzit căzând pe 25 august 1865 de Hanooman Singh în apropiere de Shergotty, în statul Buhar din India. A fost recuperat de W.C. Costley, administratorul adjunct din Shergotty, cu ajutorul lui T.F. Peppe, agentul adjunct pentru opiu din acea regiune. De menționat că localitatea era un centru pentru prelucrarea opiului cultivat pe terenurile din zonă și exportat mai apoi în China. Peppe supraveghea acest comerț în numele guvernului britanic. Cu alte cuvinte, cunoștințele noastre despre Marte datorează ceva unui dealer de droguri finanțat de guvern.

Un al treilea impact a avut loc în cursul unei ploi de meteoriți nu departe de Nakhla, sat egiptean din apropiere de Alexandria, la 28 iunie 1911. Meteoriții au fost colectați de pe terenul agricol din jurul satului — unde căzuseră printre bame, castraveți și căpșuni — de către William Hume, directorul Prospecțiunilor Geologice din Egipt. Un bărbat care susținea că ar fi văzut cu ochii lui episodul, a descris că unul dintre meteoriți a lovit un câine, pe care l-a transformat în cenușă. Dacă ar fi adevărată, această relatare mult repetată ar fi primul și, deocamdată, singurul caz consemnat în care o ființă terestră a fost ucisă de un obiect marțian. Din păcate, martorul ocular a descris evenimentul ca petrecându-se la 30 de kilometri de locul unde căzuseră de fapt meteoriții, indicând greșit și ziua. Relatarea este produsul exagerat al unei imaginații bogate, iar adevărul a stricat o poveste reușită.

Orașele Shergotty, Nakhla și Chassigny au dat clasei de meteoriți denumirea de meteoriți SNC, numiți și meteoriți „Snick".

Modul în care meteoriții SNC au ajuns de pe Marte pe Pământ a fost descoperit prin măsurarea elementelor radioactive din roci și a produșilor rezultați din dezintegrarea acestora, care, după ce rocile s-au solidificat, au rămas prinși în rocile cu pricina. Rocile au fost cel mai recent topite în urmă cu 1 370 de milioane de ani, adică mult mai curând decât majoritatea meteoriților, care s-au solidificat cu 4 000 de milioane de ani în urmă, sau mai mult, ceea ce demonstrează originea neobișnuită a meteoriților SNC. Compoziția lor chimică este similară cu rocile de la suprafața lui Marte, iar unul dintre meteoriții SNC include în materialul său sticlos bule pline cu un gaz având exact compoziția atmosferei marțiene. Aceasta dovedește că meteoriții provin dintr-o câmpie de magmă de pe Marte, care s-a solidificat după o erupție vulcanică ce a avut loc cu 1 370 de milioane de ani în urmă.

Majoritatea meteoriților SNC vin dintr-o bucată mare a planetei Marte ejectată de impactul unui asteroid cu o câmpie de magmă în urmă cu 200 de milioane de ani. Probabil că impactul a proiectat în spațiu și o ploaie de fragmente mai mici. Acest eveniment se poate să fi fost cel care a cauzat ansamblurile de șanțuri care radiază dinspre partea frontală a lui Phobos sau, dacă nu, un eveniment asemănător cu acesta.

Fragmentul din Marte ejectat în spațiu cu 200 de milioane de ani în urmă a părăsit planeta și s-a înscris pe orbită ca un asteroid în sistemul solar. În urmă cu zece milioane de ani, s-a ciocnit cu un alt asteroid și s-a dezintegrat. Fragmentele rezultate s-au împrăștiat în toate direcțiile, rătăcind în spațiu alte 10 milioane de ani, unele dintre ele căzând recent pe Pământ.

Această poveste ne arată că, în pofida distanțelor de zeci de milioane de kilometri care separă planetele sistemului solar, acestea nu sunt complet izolate unele față de altele. Între ele au loc schimburi de material. Astfel, materialul de pe Lună a căzut pe Pământ sub forma așa-numiților meteoriți selenari. Există, de asemenea, material de pe Pământ proiectat pe Lună. Un astfel de fragment a fost recuperat și readus pe Pământ de astronauții misiunii Apollo 14 — un fragment de 2 grame înglobat într-o rocă de mărimea unei mingi de fotbal catalogată drept „mostra lunară 14321" și cunoscută neoficial ca Big Bertha. Așa cum există un trafic bidirecțional între Pământ și Lună, tot așa există unul între Marte și Pământ, cele două planete făcând schimb de material. Când asteroidul care a provocat extincția dinozaurilor fără pene a lovit fundul mării în apropierea Peninsulei Yucatan, au fost proiectate în spațiu fragmente din craterul cu diametrul de 150 de kilometri creat în urma impactului. În mod similar, bucăți de gresie din platoul Arizona din apropiere de Flagstaff au zburat în spațiu când s-a format Craterul Meteorului Barringer, cu diametrul de 2 kilometri, aflat pe teritoriul actual al Statelor Unite ale Americii. Există cratere pe tot cuprinsul planetei, așa încât meteoriți din mai toate țările circulă prin spațiu, îmbulzindu-se și dându-și coate asemenea unor diplomați la un cocteil organizat de ONU.

Așadar o parte din solul din jardiniera de la geam sau din grădină — o mică parte — provine de pe Marte, iar morcovii pe care îi mănânci conțin o cantitate infimă din Planeta Roșie. Și, așa cum solul marțian este presărat pe Pământ, suprafața lui Marte este presărată cu solul planetei noastre. Și poate că acel sol terestru conținea organisme care s-au dezvoltat în mediul nostru fertil. Și poate că cele mai rezistente dintre ele au supraviețuit în spațiu, iar cele mai rezistente dintre acestea, după ce au efectuat o călătorie interplanetară și au avut șansa să cadă în locurile ospitaliere ale Planetei Roșii, au supraviețuit și au colonizat planeta Marte. S-ar putea să descoperim plini de entuziasm viață pe Marte și să constatăm că aceasta a ajuns acolo de pe Pământ.

# Capitolul 8

## Ceres: planeta care n-a mai apucat să crească

* Clasificare științifică: *planetă pitică.*
* Distanță față de Soare: *2,77 × distanța Pământ-Soare = 414 milioane kilometri.*
* Perioadă orbitală: *4,60 ani.*
* Diametru: *0,28 × diametrul Lunii = 960 km.*
* Perioadă de rotație: *0,378 zile.*
* Temperatură medie a suprafeței: *–105 °C.*
* Nemulțumire secretă: *„Aș fi putut să candidez pentru statutul de planetă, dar nu mi-a dat voie Jupiter".*

Pe 1 ianuarie 2000, ca orice alt locuitor al planetei, am sărbătorit începutul unui nou secol și al unui nou mileniu, chiar dacă știam că ziua nu era cea corectă: mai trebuia să treacă un an. Fără îndoială, 1 ianuarie era începutul unui an nou, dar se pare că numărul de zerouri din numărul anului i-a conferit o importanță mai mare decât ar fi meritat. La drept vorbind, secolul XX al erei noastre s-a încheiat pe 31 decembrie 2000, așa încât secolul XXI a început pe 1 ianuarie 2001.

În mod similar, dacă e să calculăm corect, 1 ianuarie 1801 a fost prima zi a secolului al XIX-lea. Acest secol a fost marcat de descoperirea unei planete noi, o coincidență întâmpinată de toată lumea cu entuziasm, ca un motiv de optimism. În retrospectivă, știm acum că pentru Europa avea să urmeze peste un deceniu de lupte sângeroase, foamete, boli și sărăcie provocate de Războaiele Napoleoniene. În cele din urmă, cei patru cavaleri ai apocalipsei au luat fața noii planete, iar optimismul s-a dovedit a fi în van.

Persoana care a descoperit noua planetă a fost Giuseppe Piazzi, un călugăr din ordinul teatin*. În după-amiaza zilei de 1 ianuarie, acesta își pusese paltonul cel mai lung și mai călduros pentru a merge la observatorul lui dintr-un turn al palatului regal din Palermo. Palermo era un oraș prosper și, dacă ar fi să luăm ca reper practicile curente din Italia, în ziua de Anul Nou familiile înstărite ale orașului s-au dus mai întâi la slujba religioasă, iar după miezul zilei s-au ospătat cu un prânz prelungit de trei ore. Pe măsură ce se însera, aceștia plecau în vizită la rude și prieteni — prilej de discuții, jocuri de cărți și alte jocuri de noroc. Dar nu și Piazzi. Foarte probabil, a luat parte la slujba religioasă de dimineață, la fel ca ceilalți palermitani, dar și-a rezervat după-amiaza pregătirilor pentru munca sa nocturnă. Urma să-și petreacă noaptea la ocularul telescopului de sub acoperișul deschis al observatorului său. Ca să-și protejeze chelia de frigul nopții, trebuia să-și pună tichia specială pentru observații, fără boruri, ca să nu-i stea în cale când își apropia ochiul de telescop. Mănușile de observație erau suficient de călduroase, deși îi lăsau expuse vârfurile degetelor, ca să poată regla mecanismele din alamă ale telescopului.

* Ordin catolic înființat în 1524. (*N.r.*)

Poate că, în răcoarea serii senine, prin deschiderea din cupolă îi auzea pe palermitani grăbindu-se pe străzi fie ca să facă o vizită, fie ca să participe la festivități. Prin contrast, activitatea pe care Piazzi și-o impusese singur pentru acea seară era mai ascetică: plănuise să măsoare pozițiile unor stele din constelația Taurul.

Ca sursă de referință, Piazzi a folosit catalogul alcătuit de astronomul francez Abbé Nicolas Louis de Lacaille, măsurând din nou stelele lui Abbé pentru a le actualiza pozițiile. În apropierea uneia dintre ele, Piazzi a găsit o stea necatalogată — una pe care aparent Lacaille o trecuse cu vederea. I-a măsurat poziția și a revenit în serile următoare ca să-și verifice rezultatele: steaua nu se mai afla în același loc.

> În seara zilei de 1 ianuarie a anului curent, alături de alte câteva stele, am căutat-o pe a optzeci și șaptea din Catalogul stelelor zodiacale al domnului Lacaille. Am descoperit că era precedată de o alta, pe care, după cum obișnuiesc, am observat-o într-un mod asemănător, întrucât nu împiedica observația principală. Avea o lumină puțin cam slabă, de culoarea lui Jupiter, dar era similară cu multe alte stele care în general sunt încadrate la magnitudinea a opta. Prin urmare, nu m-am îndoit câtuși de puțin că ar fi altceva decât o stea fixă.
> În seara zilei de 2 ianuarie, mi-am repetat observațiile și, constatând că steaua nu mai corespundea [ca poziție] cu observația precedentă, am început să mă îndoiesc de exactitatea calculelor mele. După aceea m-a frământat bănuiala că s-ar putea să nu fie o stea

> nouă. În seara celei de-a treia zile, bănuiala mea s-a preschimbat în certitudine, fiind acum sigur că nu era o stea fixă.

Schimbarea de poziție indica faptul că „steaua" trebuia să fie o planetă sau poate o cometă, deși Piazzi nu vedea niciun fel de coadă sau încețoșare a imaginii. Piazzi i-a calculat orbita, care părea să fie un cerc situat între orbitele lui Marte și Jupiter, umplând un gol mare în sistemul solar. Piazzi a conchis că descoperise o nouă planetă. A numit-o Ceres, după zeița agriculturii și divinitatea protectoare a Siciliei.

Surprinzător era faptul că noua planetă avea o strălucire atât de slabă. Alte planete, uneori aflate la distanțe considerabil mai mari, sunt mult mai strălucitoare. Trebuia să aibă dimensiuni semnificativ mai mici, astfel încât să intercepteze și să reflecte mult mai puțină lumină solară.

În timpul anului următor, Ceres a fost observată intens pentru îmbunătățirea datelor referitoare la orbita sa. Dacă acest lucru nu se face imediat după descoperire, astfel încât pozițiile viitoare ale planetei să poată fi prezise cu precizie, aceasta s-ar putea deplasa apoi în poziții în care, din anumite motive, să nu mai poată fi văzută (de exemplu, ajunge în spatele Soarelui), pierzându-se apoi în confuzia creată de celelalte stele. Dacă știi cu exactitate unde se va afla când va reapărea, o poți regăsi mai ușor. La sfârșitul lui martie 1801, Wilhelm Olbers, un doctor faimos din orașul german Bremen, în același timp și un pasionat astronom amator, făcea observații repetate ale lui Ceres și ale stelelor din apropiere când a văzut o stea care nu se aflase acolo mai devreme, în ianuarie. El a măsurat poziția stelei și a urmărit-o vreme de două ore. La fel ca Ceres, și aceasta se mișca.

Ce era obiectul descoperit de Olbers? „Ce-aș putea să cred despre această nouă stea?", scria el. „Este o cometă ciudată sau o planetă nouă? Deocamdată, nu îndrăznesc să judec. Este sigur că nu seamănă cu o cometă în telescop, căci nu se vede în jurul ei nicio urmă de nebulozitate sau de atmosferă." Acest nou corp ceresc a fost denumit Pallas. S-a dovedit a avea o orbită similară cu a lui Ceres și o strălucire similară: două planete noi. E drept, erau foarte mici în comparație cu celelalte planete și de aceea meritau o clasificare nouă. În 1804, astronomul britanic William Herschel a propus termenul de „asteroid". Două planete similare, de un tip nou, pe aceeași orbită — aici era nevoie de o explicație specială. Olbers a oferit una: poate că inițial fusese o singură planetă care s-a separat în doi asteroizi. Ceea ce sugera posibilitatea existenței a mai mult de doi asteroizi; poate că planeta inițială se divizase în trei fragmente — sau chiar patru! Ori mai multe!

În scurt timp a devenit clar că existau mai mult de două fragmente. Astronomul german Karl Ludwig Harding își câștiga existența ca tutore, dar era un împătimit astronom amator, obsedat de ideea descoperirii unei planete noi. Pe 1 septembrie 1804, perseverența lui a dat roade: a găsit un astru nou în regiunea în care Olbers prezisese că s-ar putea afla și alte planete pe orbită. A fost cel de-al treilea asteroid, care a primit numele de Juno.

Olbers și-a urmărit ipoteza cu entuziasm, concentrându-și cercetările pe regiunea în care orbitele tuturor celor trei asteroizi se intersectau, acesta fiind probabil locul în care avusese loc fragmentarea. Pe 29 martie 1807, în aceeași regiune, Olbers a găsit un al patrulea asteroid (al doilea descoperit de el), care a primit numele de Vesta. Dar aveau să apară și alți asteroizi.

Intuiția lui Olbers a dat roade, însă, după cum s-a dovedit, se baza pe o idee credibilă, dar neadevărată. Un alt astronom german, Johann Huth, a sugerat în 1804 ceea ce a devenit principala teorie din epoca modernă privind originea asteroizilor:

> Sper ca acest [asteroid] să nu fie ultimul pe care-l voi găsi între Marte și Jupiter. Mi se pare foarte probabil ca aceste mici planete să fie la fel de vechi precum celelalte și ca masa planetară din spațiul care separă Marte de Jupiter să se fi coagulat în multe sfere mici, având aproape toate aceleași dimensiuni, în același timp în care a avut loc separarea fluidului celest și coagularea celorlalte planete.

Ipoteza lui Huth era remarcabil de apropiată de ideile moderne. Asteroizii și-au început viața în nebuloasa solară, ca fragmente solide mici care s-au lipit între ele când s-au ciocnit în mod întâmplător. Au crescut până la o anumită dimensiune, la care au devenit „planetesimale", îndeajuns de masive pentru a se atrage reciproc și pentru a atrage și alte fragmente mici din apropiere, un proces numit „acreție". Dar gravitația lui Jupiter a avut o influență imensă asupra planetesimalelor aflate pe orbită în apropierea sa. Planeta uriașă agita materialul nebulos în așa fel încât, dacă o planetesimală atrăgea material către sine, Jupiter dădea fluxului de particule un impuls, ceea ce însemna că materialul trecea pe lângă planetesimală, în loc să se atașeze de ea prin acreție. Ceres a fost cea mai mare dintre planetesimalele care au reușit să crească în aceste circumstanțe.

Fiind un asteroid de mari dimensiuni, Ceres are o forță gravitațională suficient de mare cât să-i confere o formă aproape sferică. La început, era ca o grămadă de pietriș — o aglomerare aleatorie de planetesimale individuale. Dar treptat materialul s-a așezat și s-a consolidat. Procesul prin care Ceres s-a transformat într-o sferă a avut două etape. În prima etapă, când Ceres se ciocnea cu un meteorit, vibrația disloca rocile cocoțate în vârfurile colinelor, iar acestea se rostogoleau pe pantă până se opreau în adâncitura de la poale. În felul acesta, treptat, dealurile mai mari au fost netezite. În a doua etapă, nucleul lui Ceres a fost suficient de mare ca să genereze o cantitate considerabilă de căldură în urma dezintegrării elementelor radioactive din interior. Căldura a fost menținută în interior de straturile exterioare ale lui Ceres, care erau îndeajuns de groase cât să acționeze ca niște pături izolatoare. Temperatura lui Ceres a crescut și a topit parțial rocile dinăuntrul planetei. Materialele mai grele, cum ar fi mineralele cu conținut ridicat de fier, s-au scufundat, în vreme ce materialele mai ușoare s-au ridicat la suprafață. Drept consecință, Ceres s-a transformat într-o sferă cu straturi având caracteristici minerale diferite: un nucleu alcătuit din roci bogate în minereuri metalice și o manta înghețată. Ceres este obiectul în care se transformă spontan o „grămadă de pietriș", dacă acea grămadă crește îndeajuns de mult.

Dacă Jupiter i-ar fi îngăduit lui Ceres să se dezvolte prin acumularea mai multor planetesimale, ar fi devenit o planetă telurică. Totuși atracția gravitațională puternică a lui Jupiter a agitat planetesimalele și a inhibat acest proces. Ceres a încetat să mai „mănânce", fiind înfometat de influența malignă a lui Jupiter. A reușit să devină o planetă imatură, dar nu a putut parcurge ultimii pași de creștere spre maturizare, pentru ca astfel să domine toate celelalte corpuri mai mici din apropierea orbitei sale.

Deși este un caz de dezvoltare întreruptă, Ceres a crescut suficient de mult pentru a deveni o așa-numită „planetă pitică". Aceasta este o planetă care, deși s-a stabilizat într-o formă sferică, nu a atins statutul de planetă în toată puterea cuvântului pentru că nu a „înghițit" tot ce-a găsit pe propria orbită. La fel ca Peter Pan, Ceres nu s-a maturizat.

Numărul de asteroizi cunoscuți în prezent este uriaș. S-ar putea să fie cam 2 milioane de asteroizi cu diametrul mai mare de 1 kilometru și 25 de milioane de asteroizi cu diametrul de peste 100 de metri. Cam trei sferturi de milion sunt cunoscuți și catalogați. De ce sunt atât de mulți asteroizi mici? Răspunsul este: „Pentru că de la bun început au existat foarte mulți asteroizi mari". Din cauza numărului mare de asteroizi înghesuiți într-o zonă restrânsă a sistemului solar, ciocnirile erau inevitabile. Fragmentele rezultate în urma ciocnirilor dintre asteroizii mari au devenit numeroșii asteroizi mici.

Prin urmare, asteroizii din zilele noastre sunt un amestec. Unii sunt planetesimale primitive, fragmente de material din nebuloasa solară originară care n-au mai crescut; le-am putea numi „planete născute moarte". Unii, asemenea lui Ceres, sunt planete a căror dezvoltare s-a oprit la un moment dat. Alții au fost comete care au vizitat și revizitat Soarele atât de des, încât toată gheața pe care o conțineau s-a transformat în abur, care s-a împrăștiat în spațiu, lăsând în urmă doar materialul stâncos: comete moarte. În fine, alții, probabil majoritatea, sunt fragmente ale unor asteroizi mai mari care s-au ciocnit și s-au spart — veterani răniți ai luptelor din trecut.

Asteroizii mai mari au fost bine studiați de sondele spațiale. Au fost mai multe astfel de survolări ale asteroizilor realizate de sonde aflate în drum spre alte destinații, dar prima navă dedicată unui asteroid a fost *NEAR Shoemaker*, lansată de NASA, care a intrat pe orbită în jurul lui Eros în anul 2000, de ziua Sfântului Valentin, asolizând pe suprafața acestuia în 2001. Sonda *Hayabusa* lansată de Agenția Japoneză de Explorare Aerospațială a studiat asteroidul Itokawa în 2005. O a doua sondă lansată de japonezi, *Hayabusa 2*, a explorat asteroidul Ryugu în 2018. Sonda *Dawn*, trimisă de NASA, s-a rotit pe orbita asteroidului Vesta în 2011–2012, apoi și-a continuat drumul spre Ceres în 2015. Sonda *OSIRIS-Rex* a fost lansată de NASA în 2016, iar în prezent vizitează asteroidul Bennu. Dacă totul merge bine, va reveni pe Pământ cu un eșantion din asteroid în 2023.

Deși mic pentru o planetă, Ceres este de departe cel mai mare asteroid. Este un corp stâncos, acoperit de gheață, cu un diametru de circa 950 de kilometri, rotindu-se pe durata unei „zile" de 9 ore. Imaginile transmise de sonda spațială *Dawn* arată o lume similară cu Luna. Are un mare număr de cratere provocate de impacturile meteoriților și câteva puncte luminoase, dintre care unele devin mai încețoșate din când în când. Încețoșarea ocazională sugerează că Ceres este încă activ din punct de vedere geologic, emițând gaze și cenușă sau praf.

Cea mai surprinzătoare descoperire făcută de sonda *Dawn* este faptul că o parte dintre punctele luminoase sunt depozite albe, sărate, alcătuite în principal din carbonat de sodiu, care și-a croit drum spre suprafață într-o saramură mocirloasă ieșită din interiorul scoarței sau de sub aceasta — urme ale unui ocean străvechi. Datele sugerează că sub suprafața lui Ceres s-ar putea să existe încă lichid și că unele regiuni sunt alimentate dintr-un rezervor adânc. În regiunea craterului Ernutet au fost găsite din abundență molecule organice. Moleculele organice sunt cele care conțin carbon. Ele sunt tipul de molecule create de viață, deși nu este exclus ca ele să fi fost create în alt fel. Compușii bogați în carbon sunt amestecați cu minerale produse de interacțiunea dintre roci și apă, cum ar fi argilele. Aceste depozite au ieșit la suprafață din interiorul lui Ceres, fiind create cu mult timp în urmă în oceanul interior primitiv.

Asteroidul Vesta are un diametru de 530 de kilometri, fiind considerabil mai mic decât Ceres. Are o formă mult mai puțin sferică decât acesta, iar gravitația de la suprafața sa nu este suficient de puternică pentru ca Vesta să poată fi considerată o planetă pitică. Telescopul spațial Hubble a reușit să vadă că, la polul sud, Vesta are lipsă o bucată enormă — în locul ei, sunt două cratere gigantice suprapuse, lucru ce a fost confirmat după examinarea de la mică distanță efectuată de sonda *Dawn*. Unul dintre cratere este relativ recent.

Vesta este membrul cel mai mare și cel mai luminos al unei familii de asteroizi mult mai mici, cu diametrul de aproximativ 10 kilometri, care au orbite identice. Pe baza aceluiași argument propus anterior de Olbers cu privire la Ceres și Pallas (dar care s-a dovedit a nu fi exact în cazul lor), se poate presupune că membrii familiei Vesta sunt înrudiți, ei fiind rezultatul unui eveniment catastrofal care a dezintegrat un corp singular în mai multe fragmente. Există dovezi care susțin această ipoteză. Unele dintre fragmentele mici rezultate în urma acestei coliziuni cad din când în când pe Pământ ca meteoriți dintr-o categorie denumită „meteoriți HED", aceștia fiind îndrudiți cu Vesta deoarece compoziția lor coincide cu compoziția suprafeței asteroidului, care a fost analizată de sonda spațială *Dawn*. HED vine de la trei minerale meteoritice distinctive — howardit, eucrit și diogenit — care se găsesc pe Vesta.

Se poate deduce în mod natural că meteoriții HED și asteroizii mai mici își au originea în ciocnirea dintre Vesta și un meteorit de mari dimensiuni, care a împrăștiat în toate direcțiile fragmente din Vesta, excavând craterul gigantic de dată mai recentă.

Ceres a avut noroc. În ultimele 4 miliarde de ani, s-a ciocnit cu unii dintre vecinii săi mai mici, dar nu și cu cei mari. Vesta a avut și el noroc, dar într-o măsură mai mică. Deși s-a ciocnit cu unii vecini mai mari, a supraviețuit. Alți asteroizi au fost mai ghinioniști. Au suferit coliziuni atât de puternice, încât corpurile implicate în ciocniri s-au fragmentat complet. Fragmentele rezultante sunt mult prea mici ca să se aranjeze într-o formă sferică.

Au rămas ca niște corpuri solide neregulate, colțuroase, care se rotesc pe orbite. Fragmentele sunt compuse din fier și alte metale grele, dacă provin din nucleele asteroizilor implicați în ciocnire, sau din roci, dacă provin din mantalele exterioare.

Bucăți din cele două tipuri de asteroizi fragmentați cad uneori pe pământ ca tipuri diferite de meteoriți. Există două categorii principale: meteoriți de fier și meteoriți stâncoși. Meteoriții de fier provin din nucleul unui asteroid spart. Au o densitate mare și sunt surprinzător de grei pentru dimensiunea lor. Meteoriții stâncoși sunt cei mai răspândiți și au făcut parte cândva din mantaua unui asteroid; seamănă destul de mult cu o piatră obișnuită. Meteoriții din fier care au căzut pe Pământ de-a lungul mileniilor au o suprafață neagră și sunt ușor de detectat, mai ales într-un deșert nisipos și stâncos.

Meteoriții sunt căutați de colecționari. Când sunt tăiați și lustruiți pentru etalarea mineralelor din interior, adesea sunt foarte frumoși. În plus, ei prezintă interes științific datorită diferitelor minerale din care sunt alcătuiți. Există unele tipuri foarte rare, a căror deținere dă satisfacție proprietarului prin unicitatea lor. De asemenea, ei exercită și o atracție romantică. Este fascinant să ții un meteorit în palmă și să-ți imaginezi nașterea lui și lunga sa călătorie prin sistemul solar. Ca urmare a atractivității meteoriților, există dealeri care îi caută pentru a-i revinde. Mai exact, aceștia pur și simplu îi vânează, adunându-se în locurile în care s-a raportat căderea unui meteorit de mari dimensiuni, în speranța că vor găsi fragmente desprinse din acesta. Cercetează zone mari din deșert, încercând să descopere meteoriții care au fost văzuți căzând. Această vânătoare de comori poate fi profitabilă: cei mai scumpi meteoriți se vând pentru sume chiar mai mari de 500 000 de dolari.

Vânătorii de meteoriți pot colecta meteoriți de fier scanând câmpiile deșertice, cum ar fi Nullabor din Australia sau Karro din Africa de Sud. Un astfel de vânător poate acoperi regiuni întinse zburând la joasă înălțime cu un deltaplan. Meteoriții stâncoși sunt mult mai greu de găsit în astfel de locuri, pentru că se contopesc cu mediul înconjurător. Totuși ambele tipuri de meteoriți sunt detectați cu ușurință în zăpadă, motiv pentru care Antarctica a devenit regiunea favorită a vânătorilor de meteoriți.

Proveniența unui meteorit adaugă o nouă dimensiune atractivității sale potențiale pentru colecționari — o ciocnire cosmică masivă, un miliard de ani de singurătate în spațiu, o coborâre incendiară pe Pământ și, poate, un mileniu petrecut în cine știe ce pustietate înzăpezită a planetei noastre. Când țin în palmă un meteorit și mă uit la el, îmi imaginez o viață care, raportată la scara cosmică a timpului, este la fel de scurtă ca aceea a unui licurici: pasageră, dar mai măreață și mult mai spectaculoasă.

# Capitolul 9

## Jupiter: inimă de piatră

* Clasificare științifică: *gigant gazos.*
* Distanță față de Soare: *5,20 × distanța Pământ-Soare = 778,6 milioane de kilometri.*
* Perioadă orbitală: *11,9 ani.*
* Diametru: *11,21 × diametrul Pământului = 142 984 km.*
* Perioadă de rotație: *9 ore 55 min.*
* Temperatură medie la partea superioară a norilor: *–110 °C.*
* Nemulțumire secretă: *„Sunt conducătorul suprem al sistemului solar, dar nu-mi găsesc liniștea niciodată — furtuna aia mi-a provocat o durere de cap care nu mă slăbește de 450 de ani, iar cometele alea enervante mă împung întruna".*

Jupiter a primit numele zeului suprem din mitologia romană, care în mitologia greacă poartă numele de Zeus. Este cea mai mare și cea mai importantă planetă. Anticii care au făcut legătura dintre zeu și planetă nu aveau de unde să-i cunoască dimensiunile și trebuie să-i fi dedus statutul ghidându-se după strălucire (în perioada de strălucire maximă, Jupiter este întrecut în luminozitate doar de Venus) și după mișcarea sa maiestuoasă.

Jupiter este mult mai mică decât Soarele, însă atracția gravitațională pe care o exercită asupra lui este atât de puternică, încât Soarele nu este întru totul staționar în mijlocul sistemului solar. De fapt, cele două corpuri se rotesc în jurul centrului lor de gravitație, un punct situat aproape de suprafața Soarelui. Dacă în galaxia noastră există civilizații extraterestre, astronomii acestora ar putea afla lucruri despre sistemul nostru planetar — sau cel puțin despre Jupiter — măsurând mișcarea oscilatorie a Soarelui, a cărei perioadă de 12 ani este legată de revoluția orbitală a lui Jupiter.

Jupiter este acoperită de nori. Întrucât este strălucitoare și imaginea sa este mare, iar norii se modifică rapid pentru că vremea și climatul de pe Jupiter se schimbă de la o oră la alta și de la un an la altul, poți vedea destul de bine pătura de nori chiar și printr-un telescop de dimensiuni modeste. O mulțime de astronomi amatori fac asta, observând trăsăturile mai vizibile ale planetei. La cealaltă extremă a vizibilității, în întregime ascunsă în centrul lui Jupiter, se află o substanță exotică. Este ascunsă atât în sens propriu, cât și în sens metaforic, situându-se la granița cunoștințelor noastre științifice. Jupiter și Saturn sunt singurele locuri din univers unde se știe că ar exista această substanță — sau, cel puțin, unde avem dovezi solide că ar exista. Câțiva oameni de știință, grupați într-o mică fraternitate, continuă eforturile de a descoperi detalii despre această substanță.

Jupiter s-a născut și trăiește acum dincolo de „linia de zăpadă" a sistemului solar. Sistemul solar s-a constitut dintr-un nor alcătuit din gaz, gheață și particule solide de praf, aflat într-o mișcare lentă de rotație. Soarele nou-născut a încălzit și a transformat în gaz gheața din părțile cele mai apropiate ale norului. Întrucât puterea sa calorică avea niște limite, gheața a persistat în regiunile îndepărtate ale sistemului solar. „Regiuni îndepărtate" înseamnă regiunile de dincolo de linia de zăpadă.

Termenul „linie de zăpadă" este împrumutat din geografie, unde înseamnă linia de pe conturul unui munte deasupra căreia este în permanență atât de frig, încât zăpada nu se topește niciodată. În astronomie, înseamnă orbita dintr-un sistem planetar dincolo de care materialul înghețat nu se topește sub influența stelei-mamă. În urmă cu 4,6 miliarde de ani, dincolo de această orbită din sistemul nostru solar, au luat naștere planetele-gigant — Jupiter, Saturn, Uranus și Neptun — printr-un proces de atragere a bucăților de gheață nevaporizate de soare, dar și a gazelor celor mai ușoare, hidrogenul și heliul. Aceste gaze și-au încheiat călătoria începută în primele minute ale universului, în urmă cu 13,6 miliarde de ani, pe aceste planete — o călătorie care a durat 9 miliarde de ani.

Cele două „cele mai ușoare gaze" sunt, de departe, substanțele cele mai abundente din univers. Mai mult, de o parte și de alta a liniei de zăpadă, în nebuloasa solară exista foarte mult material. Când acest material formează o planetă, ea devine masivă. Asta s-a întâmplat cu Jupiter, Saturn, Uranus și Neptun. Descrierea științifică pentru aceste planete este de „gigant gazos", un termen care vorbește de la sine.

Jupiter este compusă în principal din hidrogen și heliu. Nu are o suprafață solidă, ceea ce face neadecvată folosirea termenului de „planetă terestră". Jupiter este uriașă — are un diametru de peste 10 ori mai mare decât Pământul și o masă de peste 300 de ori mai mare. Se rotește foarte repede: o dată la fiecare 9 ore și 56 minute — cea mai rapidă rotație dintre toate planetele. Din această cauză, Jupiter are un „pântec" pronunțat, ca un monarh desfrânat: planeta are o umflătură vizibilă la ecuator și se aplatizează la poli. Raza sa ecuatorială este cu 4 600 de kilometri mai mare decât raza polară.

Dacă Jupiter ar fi fost doar cu 30% mai mare, ar fi fost o stea, chiar dacă una mai firavă, din categoria piticelor maro. O stea se definește prin aceea că generează căldură în urma reacțiilor nucleare din interiorul său fierbinte și dens. Dacă Jupiter ar fi o stea obișnuită, ar face acest lucru prin intermediul reacțiilor nucleare care ard hidrogenul. Dacă ar fi o pitică maro, ar arde heliu. Însă, dat fiind că nu face nici una, nici alta, Jupiter nu este o stea.

Jupiter poate că guvernează sistemul solar al planetelor, dar puterea ei este limitată. Este un conducător, dar are soarta oricărei căpetenii războinice: în tot cuprinsul galaxiei există puteri mai mari.

Coborând spre interior din partea superioară a norilor, atmosfera compusă din hidrogen și heliu a lui Jupiter devine tot mai densă și trece în stare lichidă. Chiar în centrul lui Jupiter există un nucleu dens, probabil stâncos, cu o masă de 10–50 de ori mai mare decât masa Pământului. Există o zonă progresiv mai densă de hidrogen, heliu și alte gaze, probabil în amestec cu roci și gheață într-un fel de combinație mocirloasă, care devine tot mai groasă spre centrul lui Jupiter.

În partea superioară a atmosferei lui Jupiter se găsesc nori multicolori, dispuși alternativ în zone cu nuanțe luminoase și întunecate, distribuite de-a lungul liniilor de latitudine. Benzile sunt compuse din gaze atmosferice care se înalță și se prăbușesc neîncetat. Norii sunt colorați în nuanțe de roșu și galben de picături și particule de substanțe chimice stranii, a căror origine este controversată. În general, se pare că norii mai luminoși sunt situați mai sus decât cei întunecați, așa încât culorile trebuie să provină din interiorul lui Jupiter.

Culoarea apare ca și cum sângele ar da năvală și ar înroși pielea de pe fața lui Jupiter, în loc să fie creată de acțiunea chimică a luminii solare asupra păturii de nori, ca și cum Jupiter s-ar bronza.

În 1994, un accident cosmic a scos la iveală o parte din aceste substanțe chimice. Cometa Shoemaker-Levy 9 a trecut prea aproape de Jupiter și s-a dezintegrat în peste 20 de fragmente. Fragmentele au trecut în viteză pe lângă Jupiter, dar au fost atrase înapoi și, după doi ani, au plonjat pe rând în atmosfera jupiteriană. Fiecare fragment a pătruns atât de rapid în atmosferă, încât în locul lor s-a format temporar un tub gol. Gazele situate mai jos au urcat prin aceste tuburi și au țâșnit ca apa dintr-o fântână arteziană. Gazele pulverizate astfel au zburat într-un arc de cerc peste părțile superioare ale norilor. Din straturile de nori de mai jos au fost scoase la suprafață substanțe chimice închise la culoare, cum ar fi sulful, sulfura de carbon, amoniacul și hidrogenul sulfurat. Petele întunecate închise de pe norii de culoare mai deschisă au persistat timp de câteva luni.

Hidrogenul sulfurat este cunoscut pentru mirosul său de ouă stricate, fiind o materie primă bună pentru petardele puturoase. Celelalte substanțe — combinații de sulf, azot și hidrogen — au și ele un miros puternic. Cu alte cuvinte, Jupiter pute.

Cea mai mare formațiune de pe stratul de nori al lui Jupiter se numește Marea Pată Roșie. Are o formă eliptică, măsurând între 24 000 și 40 000 de kilometri de la est la vest și între 12 000 și 14 000 de kilometri de la nord la sud. Pământul s-ar putea cuibări confortabil în această formă eliptică. Este o furtună gigantică, înălțându-se cu mult peste norii din jur, un anticiclon de presiune ridicată. În 1665, Giovanni Cassini a fost primul care a observat această „pată permanentă", care a fost urmărită de astronomi până în 1713. Apoi, timp de peste un secol, mai exact până în 1830, nu s-a mai consemnat nicio observare a acestei pete și nu se știe dacă a dispărut sau a rămas acolo, poate mai puțin luminoasă, astfel că nimeni n-a mai văzut-o. Oricare ar fi adevărul legat de această lacună din istoria sa, Marea Pată Roșie — această furtună gigantică — e acolo de 350 de ani.

Conform mitologiei clasice, zeul Jupiter arunca fulgere asupra celor care nu-i făceau pe plac. Planeta generează și ea fulgere, după cum au descoperit sondele spațiale *Voyager 1* și *Voyager 2* în 1979, când au trecut prin apropierea lui Jupiter. Privind înapoi la partea întunecată a lui Jupiter, acestea au văzut furtuni puternice cu fulgere care iluminau norii. În 1997, sonda spațială *Galileo* a confirmat această descoperire. Ca și pe Pământ, fulgerele sunt create de norii care se freacă între ei în stratul cu vapori de apă al atmosferei jupiteriene, cam la 100 de kilometri sub partea superioară a norilor.

Jupiter are un câmp magnetic puternic, acesta fiind, la partea superioară a norilor, de 14 ori mai puternic decât cel terestru. Ca și în cazul Pământului, mișcările circulare din interiorul gigantului gazos sunt cele care generează câmpul magnetic. Totuși Jupiter nu este alcătuit din fier, ci în principal din hidrogen, deci cum e posibil? Structura internă a lui Jupiter este învăluită în incertitudine, dar teoria cea mai acceptată în acest moment spune că interiorul planetei, începând de la o adâncime de 20 000 de kilometri până la nucleul stâncos este compus din „hidrogen metalic". Această formă exotică de hidrogen a fost prezisă teoretic în 1935 de fizicianul american Eugene Wigner, ulterior laureat al premiului Nobel, și Hillard Bell Huntington, pe atunci student. El se formează când hidrogenul în formă gazoasă este comprimat la presiuni extrem de mari. Moleculele de gaz sunt forțate să se aranjeze într-o rețea cvasicristalină, care acționează ca un metal și conduce electricitatea, așa cum o fac fierul și cuprul.

Obținerea hidrogenului metalic în condiții de laborator pentru a putea fi studiat experimental este considerată unul dintre obiectivele extrem de ambițioase ale fizicii. Au fost câteva anunțuri potrivit cărora s-a reușit să se obțină mici eșantioane, dar nu toată lumea a fost convinsă că acele afirmații au fost dovedite. Presiunea necesară este atât de mare, încât este extrem de greu de obținut pe Pământ. Deocamdată, hidrogenul metalic rămâne o substanță care poate fi studiată doar în teorie. Giganții gazoși Jupiter și Saturn sunt singurele locuri cunoscute din univers în care oamenii de știință pot sonda indirect — deci tot teoretic — secretele legate de proprietățile hidrogenului metalic.

Nu este o situație ideală când subiectul unui studiu științific este inaccesibil, ascuns la o adâncime de 70 000 de kilometri într-o planetă aflată la 600 de milioane de kilometri distanță. Dar universul oferă laboratoare cu condiții extreme, imposibil de reprodus pe Pământ, adesea la granița imaginației noastre, creând situații exotice pe care oamenii de știință le pot folosi pentru a sonda niște lucruri care, altfel, ar fi de neatins. În acest caz, condiția esențială este presiunea ridicată. Iar 70 000 de kilometri din grosimea unei planete trebuie să fie susținuți de o presiune internă ridicată — cam de un milion de ori mai mare decât presiunea atmosferică terestră!

Câmpul magnetic generat în hidrogenul metalic formează „magnetosfera" lui Jupiter. Aceasta acționează ca o sticlă, respingând particulele electrice provenite de la Soare și păstrând în interior particulele care provin din planetă. Particulele zboară de colo-colo, ricoșând de pereții sticlei magnetosferice, și generează unde radio — Jupiter a fost unul dintre primele obiecte celeste identificate ca sursă radio de pionierii radioastronomiei în 1955. În plus, Jupiter etalează o panoplie de aurore, cauzate de particulele electrice ce se deplasează de-a lungul liniilor câmpului magnetic și se prăbușesc în atmosfera din apropierea polilor. Particulele solare nu pot trece dincolo de această sticlă magnetosferică, adică nu pot penetra puternicul câmp magnetic ce înconjoară planeta, aproape de suprafața ei. Totuși câmpul magnetic se extinde în spațiu — mai exact, se curbează în jurul polilor. În aceste regiuni polare există trasee de-a lungul cărora particulele electrice se pot prăbuși în atmosferă, urmând liniile câmpului magnetic polar. Ca și pe Pământ, particulele solare sunt ghidate către impactul cu atmosfera într-o formă circulară denumită „oval auroral", zona celei mai intense activități aurorale.

Ovalul auroral al Pământului are o dimensiune variabilă, dar are o rază de circa 10–20 de grade de latitudine, aproximativ 2 000 de kilometri. El este centrat pe polul magnetic. La nord, polul magnetic se află în prezent deasupra Oceanului Arctic, în largul insulei Ellesmere din nordul Canadei. Ovalul auroral propriu-zis acoperă de obicei nordul Norvegiei, extremitatea sudică a Groenlandei, merge de-a lungul graniței dintre Canada și SUA, trece prin Alaska și de-a lungul coastei arctice a Rusiei. Dacă te gândești să faci o călătorie pentru a vedea aurora, acestea sunt de obicei locurile cele mai bune. (Pe internet, poți apela la așa-numitele servicii meteo spațiale, care încearcă să ajute turismul auroral prin prognoze privind formarea aurorelor și prin indicarea celor mai bune locuri de observare, pentru a-ți putea alege cu precizie destinația.) Măsurat în grade de latitudine, ovalul auroral al lui Jupiter are aceeași dimensiune ca al nostru, dar măsurat în kilometri este de zece ori mai mare, așa încât ovalul jupiterian este imens, cam cât întreg Pământul.

O caracteristică unică a ovalului auroral al lui Jupiter este faptul că are trăsături determinate de cei patru sateliți mari ai săi: Io, Europa, Ganymede și Callisto. În timpul mișcării lor pe orbite, sateliții interacționează cu câmpul magnetic. Fiecare satelit este înconjurat de un fel de atmosferă, alcătuită din material ejectat în spațiu, cum ar fi emisiile vulcanice ale lui Io. În acest fel, fiecare satelit trimite particule încărcate electric în magnetosfera lui Jupiter. Particulele călătoresc spre câmpul magnetic, se lovesc de părțile superioare ale norilor lui Jupiter și creează pete aurorale în locurile de impact. Aceste pete se rotesc în jurul polului, ca niște urme de pași ai sateliților care se rotesc pe orbită.

Io este principala sursă de material care alimentează magnetosfera lui Jupiter. Emisiile radio ale lui Jupiter se produc în rafale, în funcție de cât de frecvente sunt emisiile de material ale lui Io. Dar intensitatea undelor radio depinde și de poziția lui Io în jurul lui Jupiter. Schimbările de poziție cauzează schimbări corespunzătoare ale intensității emisiei radio, care, prin urmare, variază cu o perioadă identică cu perioada de rotație a lui Io.

Dintre cei patru sateliți naturali, Io are amprenta cea mai luminoasă în ovalul auroral al lui Jupiter. Și ceilalți trei sateliți au astfel de amprente, dar sunt mai slabe. Calisto este satelitul cel mai depărtat și are amprenta aurorală cea mai slabă, poziția ei coincizând în mod derutant cu părțile mai luminoase ale ovalului. Nu e ușor de văzut și a fost identificată în 2018 numai după o examinare intensivă a arhivei de imagini captate de telescopul spațial Hubble.

De pe Pământ, polii lui Jupiter sunt greu de văzut și, cu toate că Hubble se află în spațiu, este înscris pe o orbită situată nu foarte departe de suprafața terestră, așa încât poziția de vizualizare a ovalului jupiterian nu este cea mai bună. Sonda spațială *Juno*, care a intrat pe orbită în jurul lui Jupiter în 2017, are la bord un instrument conceput anume să studieze aurora jupiteriană. Acesta a văzut că amprenta aurorală a lui Ganymede este dublă: două pete separate de 100 de kilometri. Dintre cei patru sateliți naturali, Ganymede este singurul cu câmp magnetic propriu, iar structura dublă a amprentei are legătură cu forma magnetosferei sale.

Jupiter servește ca termen de comparație și de contrast pentru planete similare descoperite în alte sisteme planetare. Sunt cunoscute circa o mie de planete la fel de mari ca Jupiter. Circa jumătate dintre acestea se află cam la aceleași distanțe ca și Jupiter față de stelele-mamă, iar celelalte sunt „jupiteri fierbinți", fiind mult mai apropiate de stelele lor și deci mult mai calde. Din cauza temperaturii lor ridicate, acestea se evaporă. Nu este posibil să se fi format acolo unde se află acum, ci dincolo de linia de zăpadă. Cumva, au migrat spre interior, părăsind frigul și, aparent, căutând căldura. Astfel, jupiterii extrasolari servesc ca modele pentru Jupiter din sistemul nostru și ne oferă indicii privind unele secrete ale vieții sale din perioada de început.

În sistemele planetare timpurii există două interacțiuni care se poate să fi fost responsabile pentru mutarea jupiterilor și încălzirea lor. Prima ar fi interacțiunea dintre o astfel de planetă de tip Jupiter și discul de gaz și praf rămas în urma formării planetelor. Pe măsură ce planeta crește, poate deschide o gaură în disc sau poate crea concentrări de materie în interiorul acestuia. Orice asimetrie creată în acest fel scoate planeta de pe traiectoria ei și o poate face să migreze. În unele cazuri, acești jupiteri fierbinți migrează pe o traiectorie lungă spre interior și se apropie de soarele lor cam la aceeași distanță la care ne aflăm noi față de Soare, sau chiar mai aproape. În sistemul nostru solar, Jupiter a început să facă același lucru, dar călătoria sa a luat sfârșit devreme.

A doua interacțiune care determină planetele să migreze are loc mai târziu, după ce acești jupiteri s-au format complet, fiind înconjurați de un mare număr de planetesimale. Planetesimalele se mișcă pretutindeni printre planetele-gigant. Este posibil ca o planetă jupiteriană să se fi apropiat de unele dintre ele și să le fi ejectat din sistemul planetar. Când sunt ejectate, planetesimalele îi imprimă jupiterului un impuls de sens contrar, astfel că planeta migrează treptat spre interior, către soarele său. Potrivit Modelului de la Nisa (Capitolul 2), acest lucru s-a întâmplat în sistemul nostru solar atât cu Jupiter, cât și cu Saturn.

Jupiter este conducătorul planetelor, dar nu deține putere totală asupra propriului destin. După Soare, Jupiter exercită cea mai mare influență asupra dinamicii sistemului solar, dar, la rândul său, sistemul solar reacționează, influențând-o pe Jupiter. Într-o curte regală, monarhul are mai multă putere decât oricare alt membru, dar, exceptând cazurile despoților absoluți, monarhul se supune forțelor care iau naștere din acțiunile curtenilor. Planetele au personalități și vieți individuale, dar împreună ele alcătuiesc un sistem planetar care acționează asemenea unei comunități, în care unii membri, ca Jupiter, au o influență mai mare decât alții.

# Capitolul 10

## Sateliții galileeni: frați de foc, apă, gheață și piatră

* Clasificare științifică: *patru sateliți principali ai lui Jupiter.*
* Distanță față de Jupiter: *între 1,09 și 4,9 × distanța dintre Pământ și Lună = între 422 000 km și 1 880 000 km.*
* Perioade orbitale: *1,77–16,7 zile.*
* Diametre: *0,286–0,378 × diametrul Pământului = 3 650–4 820 km.*
* Perioade de rotație: *sincrone.*
* Temperaturi medii: *–155 °C.*
* Nemulțumire secretă: *„Planetele se bucură de mai multă atenție decât noi, sateliții, dar și noi avem tot atâta varietate și suntem mai ospitalieri decât majoritatea planetelor".*

Chiar și numai cu un binoclu poți să vezi cei patru sateliți principali ai lui Jupiter. Aceștia nu sunt planete, pentru că nu se rotesc în jurul Soarelui, ci în jurul unei planete, dar cu siguranță au caracteristici de planetă. Au diametre cuprinse între circa 3 000 și 5 000 de kilometri, cel mai mic fiind puțin mai mic decât Luna, cel mai mare fiind puțin mai mare decât Mercur, și toți sunt similari planetelor terestre.

Trei surori și un frate alcătuiesc o trupă pestriță. Ca rude, sateliții au un aer de familie, dar toți sunt diferiți. Împreună cu Jupiter, alcătuiesc un sistem planetar miniatural și, se presupune, s-au format în același timp cu Jupiter, într-o manieră similară cu cea în care s-a format sistemul nostru solar. Din punct de vedere structural, sateliții sunt corpuri stâncoase, dar, din cauza poziției lor îndepărtate în sistemul solar, cu o singură excepție, au păstrat ghețurile originare pe care le-au acumulat din nebuloasa solară. Apa și gheața au jucat un rol considerabil în viețile lor, chiar dacă unul dintre ei duce acum o viață aridă punctată de erupții incendiare.

Pământul se află în același plan orbital în care cei patru sateliți se rotesc în jurul lui Jupiter, așa încât ni se pare că sunt aliniați într-un șir, trecând dintr-o parte în alta a planetei, traversând uneori fața lui Jupiter și aruncând o umbră pe partea superioară a norilor, alteori ascunzându-se, fie în spatele gigantului gazos, fie în umbra acestuia. Perioadele lor de rotație se situează cam între o zi și două săptămâni, așa încât își schimbă pozițiile sub ochii noștri, de la o noapte la alta sau chiar de la o oră la alta în timpul nopții. Când intră în umbra lui Jupiter și sunt eclipsați, lumina lor se stinge în câteva minute, slăbind progresiv până devin de nevăzut.

Văzuți de pe Pământ, sateliții sunt niște puncte de lumină. Dar le cunoaștem structura în urma vizitelor efectuate de patru sonde spațiale. Sondele *Voyager 1* și *Voyager 2* au trecut pe lângă Jupiter în 1979. *Galileo* a fost prima navă spațială care a intrat pe orbită în jurul lui

Jupiter în 1995 și a reușit să efectueze observații extinse timp de opt ani. A doua sondă, *Juno*, s-a înscris pe orbită în jurul lui Jupiter în 2016. Aceste sonde spațiale au dezvăluit că peisajul sateliților jupiterieni este, într-un caz, un deșert vulcanic, iar în celelalte, un continent antarctic de roci, aisberguri și oceane foarte reci.

Cei patru sunt numiți sateliți galileeni deoarece au fost descoperiți de Galileo în primele două săptămâni ale lui 1610, cu noul lui telescop. În prima noapte, el a văzut doar trei stele, două într-o parte a lui Jupiter și una în cealaltă parte. În a treia noapte, a văzut din nou trei, dar acum erau toate în aceeași parte a lui Jupiter. A crezut la început că erau un șir întâmplător de trei stele și că schimbarea se datora mișcării lui Jupiter printre ele. După încă două nopți, erau numai două, iar apoi, după alte câteva nopți, erau patru.

Inițial, Galileo a crezut că cele patru se mișcau înainte și înapoi în linie dreaptă. Cum de reușeau să treacă prin corpul lui Jupiter? Dar dintr-odată a înțeles că cele patru „stele" erau sateliți pe orbite în jurul lui Jupiter. A fost o descoperire spectaculoasă pentru că demonstra inexactitatea teoriei potrivit căreia toate corpurile cerești se rotesc în jurul Soarelui. De fapt, felul în care sateliții se roteau în jurul lui Jupiter era un model pentru felul în care planetele se roteau în jurul Soarelui, potrivit teoriei formulate de Copernic în 1543.

Galileo se referea la ei simplu, numindu-i I, II, III și IV, dar i-a botezat ca grup, numindu-i „aștri mediceeni", sperând că poate Cosimo al II-lea de' Medici, Marele Duce de Toscana din secolul al XVII-lea, îi va deveni patron. Planul lui a dat roade: Cosimo l-a numit pe Galileo drept filosoful și matematicianul său și i-a oferit o stipendie. Dar denumirea colectivă dată de Galileo sateliților a fost respinsă de ceilalți astronomi, care nu priveau cu ochi buni numirea stelelor după patronul cuiva. Așa că ei au devenit cunoscuți drept Io, Europa, Ganymede și Callisto, toți fiind în mitologie iubiți (de ambele sexe) ai lui Jupiter.

Cel mai apropiat de planetă este Io. Întreaga suprafață a lui Io este acoperită cu roci negre în amestec cu sulf — galben, oranj și roșu în diferitele sale forme —, ca o pictură medievală a iadului. Aproape că nu are cratere de meteoriți, ceea ce arată că suprafața este tânără, iar procesele geologice au șters craterele care se formaseră înainte. Totuși suprafața lui Io este ciupită, ca o față umană atacată de acnee. În cea mai mare parte, adânciturile nu sunt cratere de meteoriți. Sunt fie caldeire situate între munți mai înalți decât orice munte de pe Pământ, fie scurgeri de lavă, unele dintre ele reci și solide, altele, fierbinți și fluide. Este un peisaj vulcanic. Îmi imaginez că seamănă cu peisajele vulcanice din La Palma (una dintre Insulele Canare) sau din Hawaii, la ale căror observatoare astronomice am lucrat câțiva ani. Solul este alcătuit din movile solidificate de lavă neagră și netedă și din roci neregulate răzlețe. Acolo unde terenul a fost secționat de explozia unui vulcan care a excavat un crater, se văd mormane de cenușă galbenă și oranj, iar în regiunile încă active se văd emisii de aburi și gaz sulfuros, precum și lavă incandescentă care supurează din subsol.

Fiind cel mai apropiat satelit de planeta-mamă, Io este supus în mod constant unui proces de contracție și destindere datorat puternicelor forțe mareice exercitate de Jupiter. Căldura generată de acest proces a topit rocile dinăuntrul lui Io și a creat cam patru sute de vulcani, unii fiind atât de activi, încât aruncă lava la o înălțime de 400 de kilometri.

Vulcanii de pe Io au fost descoperiți de Linda Morabito, inginerul de navigație al sondei spațiale *Voyager 1*. Cât timp sonda traversa sistemul de sateliți ai lui Jupiter, sarcina lui Morabito era să identifice stele în imaginile obținute de camera de navigație, să determine poziția sondei spațiale și să-i corecteze traiectoria în timp real, astfel încât să nu se ciocnească de ceva. Mai târziu, imaginile aveau să fie analizate pentru reconstituirea traiectoriei cu mai multă precizie, ca o bază pentru asamblarea imaginilor care înfățișau suprafețele planetare. Pe măsură ce survolarea se apropia de final și sonda spațială se îndepărta de Jupiter și de sateliții săi, în spatele lor se vedea o anumită stea care juca un rol esențial în exactitatea procesului de navigație. Steaua era întunecată și Morabito a trebuit să-i proceseze imaginile, mărindu-le și crescându-le contrastul ca să le poată descifra. Ea a observat ceva care inițial, pe imaginea neprocesată, nu se vedea. Era un fel de nor, foarte mare, la mică distanță de scoarța lui Io. „Norul" era poziționat deasupra unei forme de relief în formă de inimă de pe Io.

Ceea ce a descoperit Morabito era un nor de cenușă de la un vulcan care acum poartă numele de Pele (zeița hawaiiană a vulcanilor), iar structura în formă de inimă era vulcanul însuși, cu fragmente de magmă ejectate și cu scurgeri de lavă. „Am avut sentimentul că văd ceva ce nimeni altcineva nu mai văzuse până atunci", a declarat ea. Mai târziu, la cină, ea a avut satisfacția de a-i anunța pe părinții ei că descoperise prima activitate vulcanică extraterestră pe care o văzuse vreodată cineva.

Io este doar cu puțin mai mare decât Luna noastră. Are o formă ușor elipsoidală (forma unei mingi de rugby); forțele mareice ale lui Jupiter l-au blocat pe axa lungă, care a rămas îndreptată spre planeta mamă, așa încât Io privește spre Jupiter tot timpul cu aceeași față.

Suprafața sa stâncoasă este aproape complet lipsită de gheață (căldura vulcanică a evaporat probabil toată apa) și este acoperită cu o peliculă de sulf — deci are culorile diferitelor forme ale sulfului. Materialul ejectat de vulcani formează o atmosferă rarefiată și pătrunde în magnetosfera lui Jupiter. Vulcanii generează scurgeri de lavă lungi de sute de kilometri și cu volume de sute de ori mai mari decât recentele scurgeri ale vulcanilor tereștri, împingând depunerile mai vechi prin canale adânci. Activitatea vulcanică extinsă a dus la crearea unui număr de 150 de munți pe Io, cel mai înalt depășind Everestul în înălțime.

Viața lui Io este caracterizată de stres. Deși prizonier al puternicului câmp gravitațional jupiterian, corpul lui nu cunoaște nicio clipă de odihnă. Este tot timpul cuprins de accese de furie, mai mereu febril, sângerează întruna și se tot răsucește, contorsionându-se ca oamenii din picturile coșmarești ale lui Hieronymus Bosch.

După mărime, Europa este al doilea satelit galilean al lui Jupiter. Spre deosebire de înflăcăratul Io, Europa este acoperit de gheață, fiind neted și complet sferic precum o bilă de biliard. Aproape că nu are forme de relief. Doar niște urme pe jumătate îngropate ale câtorva cratere meteoritice recente rup monotonia unui peisaj alb și plat.

Gheața este spartă în sloiuri, printre crăpături țâșnind apa mineralizată, care se revarsă la suprafață, creând adevărate rețele de vinișoare roșii, ca niște pânze de păianjen. Petele roșii sunt depunerile lăsate de apa evaporată.

Europa arată ca un astru în stază, dar sub suprafața de gheață există activitate. Stratul de gheață este gros de un kilometru, plutind pe un ocean de apă sărată adânc cam de 5 kilometri. Apa este încălzită de jos de energia geotermală. Când sloiurile se ciocnesc, formează dealuri de gheață pe suprafață, dar acestea nu depășesc două sute de metri înălțime. Peisajul de aici este similar cu gheața marină arctică din preajma coastelor siberiene sau ale celor din nordul Canadei.

Potrivit calculelor, pe Europa există mai multă apă decât pe Pământ. Într-o viitoare misiune spațială, un lander ar putea coborî pe suprafața satelitului și ar putea încerca să penetreze stratul de gheață, poate folosind o sondă radioactivă pentru a topi gheața în jurul ei, ca să-și poată croi drum în jos. Pentru sondă, ar fi o misiune sinucigașă, căci apa ar reîngheța rapid deasupra ei, blocându-i ieșirea la suprafață. Dar ce ar putea găsi acolo? Apele liniștite ale Europei sunt adânci și este tentant să ne imaginăm că, în momentul în care ar străpunge stratul de gheață, sonda ar putea să prindă în reflectoarele sale creaturi oceanice extraterestre, fotografiindu-le în timp ce înoată pe sub labirintul de sloiuri.

Ganymede este cel mai mare dintre sateliții galileeni, fiind și cel mai mare satelit din sistemul solar. Este mai mare decât Mercur, deși are o masă de două ori mai mică.

Callisto este aproape la fel de mare, al treilea satelit din sistemul solar în privința mărimii, comparabil ca dimensiuni cu Mercur, dar are doar o treime din masa acestei planete. Asta înseamnă că ambii sateliți au o densitate mult mai mică decât planetele alcătuite din rocă și fier. Deci în componența celor doi sateliți există ceva mult mai ușor — iar acel ceva este apa.

Atât Ganymede, cât și Callisto au suprafețe stâncoase, pline de cratere, la fel ca Luna și Mercur. Seamănă ca aspect cu Luna, îndeosebi Ganymede, care are două tipuri de suprafață. O treime din suprafață este închisă la culoare și e presărată cu o mulțime de cratere, deci e foarte veche. Restul de două treimi are o culoare mai deschisă și nu prezintă multe cratere, deci e o suprafață mai tânără; ciudățenia ei constă în faptul că este plină de șanțuri și creste.

Relieful mai deschis la culoare de pe Ganymede seamănă cu mările (*maria*) de pe Lună, fiind cauzat de ieșirea la suprafață a materialului topit din interior, care a inundat regiunile mai joase ale suprafeței. Diferența este că, în cazul lui Ganymede, materialul topit nu a fost lavă, ci apă topită de impactul cu un asteroid. Callisto este similar, suprafața lui având numeroase zone ondulate — valuri înghețate de frigul intens.

Ganymede are un nucleu din fier care produce un câmp magnetic slab, însă Callisto nu are așa ceva. Marele lor secret constă în faptul că mai multe argumente sugerează că ambii sateliți ar avea, sub suprafața stâncoasă, un ocean lichid de apă sărată.

Oceanul ascuns în Ganymede are probabil o adâncime de 1 000 de kilometri și, asemenea oceanului de pe Europa, conține tot atâta apă cât oceanele terestre, dacă nu chiar mai multă. Oceanul de pe Callisto are o adâncime de doar câteva sute de kilometri. Ca și oceanele Europei, aceste oceane (dacă există cu adevărat) ar putea adăposti forme de viață.

S-ar putea să avem mai multe șanse de a găsi viață pe sateliții galileeni decât pe Marte.

# Capitolul 11

## Saturn: stăpânul inelelor

* Clasificare științifică: *gigant gazos.*
* Distanță față de Soare: *9,54 × distanța Pământ-Soare = 1 433,5 milioane de kilometri.*
* Perioadă orbitală: *29,5 ani.*
* Diametru: *9,45 × diametrul Pământului = 120 536 km.*
* Perioadă de rotație: *10,2 ore.*
* Temperatură medie la partea de sus a norilor: *–140 °C.*
* Scuză secretă: *„Eu și satelitul acela am avut o relație foarte apropiată, dar s-a destrămat. Măcar m-am ales cu un inel de pe urma lui".*

Planeta Saturn a fost botezată de antici după zeul roman al timpului, care în mitologia greacă este titanul Cronos. Numele acestuia ne-a dat cuvinte cum ar fi „cronometru".

Se poate presupune că asocierea unei planete cu zeul timpului are legătură cu faptul că Saturn, cea mai îndepărtată planetă cunoscută în Antichitate, era cea mai lentă în mișcarea ei pe cer.

Planeta a avut o serie de secrete, descoperite pe rând într-o perioadă de 400 de ani și legate de cea mai cunoscută dintre caracteristicile sale, inelele. Dar chiar și în prezent rămâne de dezlegat un mare secret, anume care a fost acel eveniment palpitant din viața lui Saturn care l-a decorat cu splendidele lui bijuterii.

Inelele lui Saturn nu sunt întru totul unice în sistemul solar: există inele în jurul tuturor giganților gazoși — Jupiter, Saturn, Uranus și Neptun. Mai mult, se pare că există inele și în jurul a trei planete minore — Chariklo, Chiron și Haumea. Aceste inele au fost descoperite în ultimii cincizeci de ani, cu ajutorul unor indicii subtile; ele sunt ca niște fire subțiri, greu de văzut, poate mici corpuri care au fost descompuse și acum se rotesc pe orbite în jurul corpului originar. În schimb, inelele lui Saturn sunt de departe cele mai proeminente dintre sistemele de inele din sistemul solar și cu certitudine cel mai complex și mai frumos dintre acestea. Aspectul spectaculos al inelelor poate fi interpretat ca o declarație ostentativă a importanței lor.

Inelele lui Saturn sunt cunoscute din secolul al XVII-lea, când Galileo și-a îndreptat telescopul asupra planetei, deși forma lor i-a rămas necunoscută acestuia până la moartea sa. Ceea ce a văzut în deceniul în care a observat aceste inele l-a derutat, pentru că telescoapele sale nu erau suficient de puternice pentru a le dezvălui forma adevărată.

La început, în 1610, a descris ceea ce văzuse cu termenul de *ansae* („mânere"), ca și cum Saturn ar fi fost o cană cu două mânere diametral opuse. Având în minte descoperirea sateliților lui Jupiter, el a interpretat aceste extensii ale lui Saturn ca fiind sateliți mari, apropiați: „Am observat că cea mai înaltă planetă [adică cea mai depărtată planetă cunoscută de el, Saturn] are un corp triplu. Spre marea mea uimire, am văzut că Saturn nu era un singur astru, ci un grup de trei corpuri care aproape că se ating între ele".

Doi ani mai târziu, el și-a exprimat uimirea că sateliții au dispărut. „Nu știu ce pot să spun despre un caz atât de surprinzător, atât de neașteptat și atât de nou." Făcând aluzie la oribilul episod mitologic în care Cronos își omoară și își devorează copiii (să ne gândim la terifianta pictură a lui Goya în care Cronos, cu mințile rătăcite, își mănâncă unul dintre fii), Galileo a întrebat retoric: „Oare Saturn și-a înghițit copiii?"

În 1616, el a văzut o formă mai complexă: „Cei doi companioni nu mai sunt două mici globuri perfect rotunde... ci sunt mult mai mari și nu mai sunt rotunde... sunt două semielipse cu două mici triunghiuri întunecate în mijloc, lipite de globul central al lui Saturn, care este întotdeauna perfect rotund".

Misterul aspectului schimbător al lui Saturn a fost rezolvat în 1656 de astronomul olandez Christiaan Huygens. „Mânerele" erau, de fapt, felul în care se vedea de pe Pământ un disc plat și înclinat, centrat pe planetă. La fel ca Galileo când a descoperit fazele lui Venus, Huygens și-a publicat descoperirea sub forma unei anagrame, una pentru care n-a depus cine știe ce efort: *aaaaaaa ccccc d eeeee h iiiiiii llll mm nnnnnnnnn oooo pp q rr s ttttt uuuuu*. Mai târziu, a decodat-o astfel: *Annulo cingitur, tenui, plano, nusquam cohaerente, ad eclipticam inclinato*, care se traduce prin „[Saturn] este înconjurat de un inel subțire și plat, care nu atinge în niciun punct planeta și este înclinat în raport cu ecliptica".

Înclinația inelelor față de orbita lui Saturn și de orbita Pământului este de 27 de grade, acesta fiind motivul pentru care aspectul lor este schimbător. Când Pământul se află în planul inelelor, acestea sunt îndreptate cu muchia spre planeta noastră și aproape că dispar, dat fiind că sunt atât de subțiri, așa cum a relatat Galileo în 1612. Când inelele se află la unghiul lor maxim față de orbita terestră, alungesc imaginea lui Saturn sub forma unei elipse, așa cum a văzut-o Galileo în 1616.

Când telescoapele au devenit mai performante, astronomii au putut să distingă intervalele dintre inele. Cel mai mare interval a fost descoperit în 1675 de Giovanni Domenico Cassini. El separă inelele care au ajuns să fie denumite A și B. Imaginile furnizate de sonde arată și alte inele, separate de intervale mai mici sau mai mari. Inelele individuale au fost etichetate alfabetic, în ordinea descoperirii lor. Saturn are o rază de 58 000 kilometri și cel mai apropiat de planetă este inelul D — mai exact, se află la circa 70 000 de kilometri de centrul lui Saturn. Inelele B și A sunt cele mai luminoase și cele mai late, întinzându-se de la 90 000 la 135 000 de kilometri distanță de planetă, separate de ceea ce a fost denumit Diviziunea Cassini, după numele celui care a descoperit-o. Dincolo de inelul A și un alt interval denumit Diviziunea Encke (după descoperitorul ei, astronomul german Johann Encke), se află inelul F, la 140 000 de kilometri de planetă. Toate aceste inele au o înfățișare similară, ceea ce constituie un indiciu privind originea lor comună.

Prima explicație a inelelor a fost că acestea ar fi o structură subțire, monolitică și solidă, asemenea unui disc de patefon. Pe măsură ce s-au descoperit tot mai multe intervale, inelele au fost imaginate ca o colecție de „inelușe" concentrice și solide. Totuși, în 1848, omul de știință francez Edouard Roche a demonstrat că nicio structură solidă, de mari dimensiuni, aflată pe o orbită atât de apropiată de Saturn, nu ar fi supraviețuit, oricare i-ar fi fost forma. Forțele mareice ale planetei ar fi dezintegrat acea structură. Asta înseamnă că forța gravitațională ar fi acționat mult mai intens asupra părții celei mai apropiate de Saturn a structurii, în timp ce atracția exercitată asupra părții ei mai îndepărtate ar fi fost mai slabă. Dacă forța de separare ar fi mai mare decât rezistența internă a structurii, aceasta s-ar dezintegra.

Cu cât structura este mai apropiată de planetă, cu atât forța de separare care acționează asupra ei este mai mare. „Limita Roche" este distanța minimă de la care încolo poate supraviețui un satelit. Cometa Shoemaker-Levy 9 nu a respectat această limită, aventurându-se prea aproape de Jupiter în 1992, drept care s-a dezintegrat în peste 20 de fragmente. Limita Roche echivalează cu 2,4 × raza planetei și toate inelele principale ale lui Saturn (până la inelul F inclusiv) se situează dincolo de această limită. În 1857, fizicianul scoțian James Clerk Maxwell a demonstrat că inelele lui Saturn nu pot fi decât un mare număr de particule mici și solide, care se rotesc independent pe orbite.

Inelele sunt foarte subțiri — poate cam 1 kilometru în porțiunile cele mai groase, iar în unele locuri au doar 10 metri în grosime. Să le comparăm cu niște discuri de patefon ar însemna să le exagerăm grosimea relativ la diametru. Pentru a respecta raportul dintre grosime și diametru, ar trebui ca discul să aibă grosimea unei foi de hârtie. „Intervalele" nu sunt în realitate spații goale, ci sunt zone în care există mai puține particule decât în alte locuri. De fapt, inelele propriu-zise sunt alcătuite din nenumărate intervale și inele, asemenea șanțurilor și benzilor în care este divizat un disc de vinil, în funcție de conținutul muzical. Inelele constau din particule cu dimensiuni între 1 centimetru și 5 metri (de la pietricele la bolovani), compuse în principal din apă înghețată și fire de praf nu mai mari de câțiva microni. Sunt milioane de asemenea particule care se îmbulzesc într-un spațiu limitat, iar numeroasele ciocniri macină particulele mari, crescând cantitatea de praf.

Saturn are peste 60 de sateliți individuali, dintre care unii au diametrul sub 1 kilometru, iar cel mai mare îl depășește în diametru pe Mercur. Dat fiind că inelele sunt alcătuite din nenumărate fragmente mici, se poate presupune că sateliții și particulele din inele alcătuiesc un continuum. Este greu de stabilit o diviziune între ele: trebuie că există o mulțime de sateliți cu dimensiunea mai mică de 1 kilometru, care nu au fost identificați individual.

Majoritatea sateliților mai mari ai lui Saturn au orbite cu o înclinație mare, în ambele direcții. Aceștia sunt probabil sateliți accidentali, asteroizi capturați de Saturn, care s-au apropiat de planetă din direcții aleatorii, la momente diferite. Dar 24 dintre sateliți au orbitele în același plan și în aceeași direcție ca inelele, unii dintre ei fiind *în interiorul* sistemului de inele. Atlas, Daphnis și Pan sunt trei dintre acești sateliți mici interiori. Atlas are orbita la limita exterioară a inelului A, Daphnis, în interiorul Intervalului Keeler din inelul A, iar Pan, în interiorul Intervalului Encke, aflat de asemenea în inelul A.

Sateliții lui Saturn joacă un rol esențial în controlarea inelelor, atrăgând particulele individuale ale inelelor dinspre unele orbite înspre altele. În felul acesta se sortează particulele în inele și intervale. Procesul este denumit „păstorire", ca și cum particulele ar fi oi dirijate de câinii ciobănești să o ia pe o anumită rută.

Uneori, intervalele sunt curățate de un satelit care traversează inelele pe o orbită ușor excentrică, atrăgând particulele într-o parte sau în alta. Pan (botezat după zeul păstorilor din mitologia greacă) este unul dintre sateliții care păstoresc inelele în acest fel. Are doar 30 de kilometri în diametru, dar curăță un interval lat de 325 de kilometri.

Pan a fost descoperit după ce existența lui a fost prezisă teoretic în 1985 de astronomii americani Jeffrey Cuzzi și Jeffrey Scargle, în baza unei descoperiri făcute în timp ce Cuzzi își omora timpul pe aeroportul din Albuquerque, statul New Mexico, în așteptarea avionului. Răsfoia niște printuri ale fotografiilor realizate de sondele spațiale *Voyager*. Privind atent o imagine cu Intervalul Encke, el a sesizat că intervalul avea margini vălurite. Și-a dat seama că marginile vălurite puteau fi consecința unui satelit mic aflat pe orbită în interiorul intervalului. Când o particulă de la limita intervalului trece pe lângă satelit, suferă o atracție gravitațională care o trage pe o orbită mai excentrică. Apoi se întâlnește cu particulele de la extremele orbitei sale, care se mișcă pe orbite circulare. Astfel se formează modelul vălurit.

La Centrul de Cercetări Ames de la NASA, împreună cu colegul său Jeff Scargle, Cuzzi a calculat cum erau create aceste valuri, cât de mare trebuie să fi fost satelitul și unde s-ar afla pe orbita lui. Ar fi fost o muncă prea dificilă să caute prin munții de imagini printate ca să-și confirme teoria prin găsirea imaginii unui satelit — pentru că să vezi înseamnă să crezi —, dar cinci ani mai târziu, în 1990, arhiva de 30 000 de fotografii ale lui Saturn realizate de *Voyager* a fost făcută publică sub formă digitală pe un CD-ROM.

Cuzzi calculase orbita ipotetică a satelitului încă nedescoperit împreună cu un coleg, Mark Showalter. Pentru analizarea arhivei digitale, Showalter a creat un program care a identificat și listat toate imaginile făcute în locurile și la momentele unde ar fi trebuit să se poată vedea satelitul. Într-o dimineață, a plecat de-acasă la muncă spunând că o să examineze toate acele imagini și o să găsească satelitul. Și l-a găsit!

Așa cum Pan creează și sculptează Intervalul Encke, Daphnis sculptează Intervalul Keeler, iar Atlas, inelul A. Fenomenul păstoririi este comun în sistemul de inele al lui Saturn.

În 2017, sonda spațială *Cassini* a realizat prim-planuri ale sateliților Atlas, Pan și Daphnis și s-a putut vedea că au o formă ciudată. Imaginile cele mai clare sunt ale lui Pan și Atlas. Seamănă cumva cu niște paste ravioli: au un corp central alb, neted și sferic, circumscris de o creastă ecuatorială, care corespunde marginii zimțate a pastelor ravioli. Probabil că ar fi lipsit de delicatețe să spunem că arată ca pliseurile unui tutu pe o balerină supraponderală.

Se pare că cei trei sateliți s-au format în interiorul inelelor lui Saturn într-o perioadă în care acestea erau mai groase, materialul de la inele căzând pe sateliți din toate direcțiile și dându-le forma centrală rotundă pe care o vedem azi. În felul acesta, inelele s-au subțiat treptat și s-au format intervale. Ulterior, materialul rezidual al inelelor a căzut pe regiunile ecuatoriale ale sateliților și astfel s-au format crestele ecuatoriale. Pan și Atlas nu au o masă considerabilă, așa încât materialul inelelor nu s-a ciocnit de suprafața lor cu o viteză mare: s-a așezat ca zăpada, acumulându-se sub forma unui zid. Iar forțele gravitaționale ale sateliților nu au fost suficient de puternice pentru a aplatiza crestele în timp. Niciunul dintre sateliți nu are o densitate foarte mare — densitatea lor medie este mai mică decât jumătate din densitatea apei. Aceasta e similară cu densitatea zăpezii proaspăt așternute, care este o acumulare de cristale de gheață cu spații între ele. Se pare că materialul din care sunt formate Pan și Atlas este similar.

Satelitul Mimas este și el foarte activ în menținerea structurii de inele și intervale, dar printr-un mecanism întru câtva diferit. Are un diametru de 200 de kilometri și orbita lui este situată nu departe de exteriorul inelelor. Particulele de la marginea interioară a Diviziunii Cassini se deplasează pe orbită exact de două ori mai repede decât Mimas, iar forța exercitată constant de acesta asupra particulelor le abate ușor de la traiectoriile lor. Aceasta limitează orice tendință a particulelor din inelele A și B de a umple Diviziunea Cassini. Particulele aflate la granița dintre inelele C și B se află într-o situație similară, deplasându-se pe orbite de trei ori mai repede decât Mimas. Prometeu este un alt satelit-păstor, de data asta pentru marginea interioară a inelului F.

Pietricelele din inelele lui Saturn populează spațiul din jurul planetei cu echivalentul unor particule de testare, care arată cum este umplut spațiul de forțele gravitaționale datorate planetei și sistemului său de sateliți. Aceasta s-a dovedit a fi o situație de o bogăție extraordinară, numai bună de studiat de către astronomi. Teoria gravitației are o vechime de 300 de ani și, înainte de aceste analize ale inelelor saturniene, toată lumea credea că subtilitățile ei au fost bine înțelese. Totuși comportamentul inelelor ascundea alte secrete care trebuiau scoase la lumină.

Ca o complicație suplimentară, *Voyager 1* a descoperit în inelul B un fel de „spițe" întunecate, aproape radiale, lungi de aproape 8 000 de kilometri și late de 2 000 de kilometri. Ele se dezvoltă în câteva minute, se rotesc odată cu inelele și dispar în câteva ore. De asemenea, apar și dispar de-a lungul anilor, probabil în corelație cu orbita lui Saturn. Spițele rămân neexplicate, dar par să fie formate din praf adunat și ținut laolaltă de forțe electrostatice.

Cel mai mare secret, unul care încă rămâne necunoscut, este de unde vin inelele. Multă vreme, bazându-se pe rezultatele lui Roche, unii astronomi au crezut că particulele au rezultat în urma dezintegrării unui satelit de mărimea lui Mimas, care s-a apropiat prea mult de Saturn și a fost descompus de forțele mareice ale planetei. Alții cred că inelele sunt la fel de vechi ca Saturn însuși, luând naștere în timpul formării planetei. A treia ipoteză spune că o cometă s-a dezintegrat la întâlnirea cu Saturn, ceea ce ar explica compoziția materialului inelelor.

Sonda *Cassini* a oferit un indiciu potrivit căruia nașterea inelelor a fost un eveniment relativ recent. În ultimele ei zile, sonda a coborât pe o traiectorie în spirală sub inele, intrând în atmosfera lui Saturn — manevră numită Grand Finale. Această coborâre a fost considerată prea riscantă pentru a fi executată în timpul misiunii principale, de teama unei posibile ciocniri între sondă și o rocă rătăcită în afara inelelor. Navigând în interiorul inelului B, cel mai apropiat de Saturn, *Cassini* a întâlnit o „ploaie" neașteptat de puternică de gheață și alte substanțe chimice simple căzând din inele pe planetă. Inelele dispar rapid, ceea ce sugerează că nu pot fi prea vechi.

Saturn seamănă cu Jupiter, dar nu e la fel de mare, este mai depărtat de Soare și mai rece. În consecință, Saturn are o existență mai puțin palpitantă, cu mai puține fenomene atmosferice și mai puține furtuni violente. Are o structură similară cu a lui Jupiter, cu un nucleu stâncos, înconjurat de hidrogen metalic, apoi de hidrogen lichid, iar în cele din urmă de hidrogen gazos și heliu. Se pare că există mai puțin heliu pe Saturn decât pe Jupiter, dar, potrivit unor astronomi, lucrurile ar sta de fapt altfel: heliul ar fi coborât sub pătura de nori, drept care nu poate fi observat, nu că n-ar exista. La fel ca în cazul lui Jupiter, gazul din partea superioară a norilor este amestecat cu impurități chimice, care îi dau lui Saturn culoarea galben-pal: se crede că responsabile pentru această culoare ar fi cristalele de amoniac. Norii sunt alcătuiți din acetilenă, etan, propan, hidrogen fosforat și metan, hidrosulfură de amoniu și apă. Planeta prezintă benzi în diferite nuanțe de galben și e presărată cu vârtejuri circulare și furtuni greu de văzut.

Saturn se rotește doar cu puțin mai încet decât Jupiter și are o formă elipsoidală similară. Nucleul lui Saturn se rotește cu o perioadă de 10 ore și 33 de minute, măsurată după natura ciclică a emisiilor sale radio, care sunt corelate cu magnetosfera, aceasta din urmă fiind, la rândul ei, generată de nucleu. Vânturile de pe Saturn sunt printre cele mai rapide din sistemul nostru solar și afectează viteza de rotație a norilor la partea superioară. Există o diferență foarte mare între perioada de rotație a norilor din apropierea polilor (10 ore și 40 de minute) și perioada de rotație a norilor la ecuator (10 ore și 15 minute).

Deși viteza de deplasare a vânturilor în jurul planetei este atât de mare, turbulența climei și a sistemelor atmosferice este mai puțin pronunțată decât pe Jupiter. Asta probabil pentru că Saturn este de două ori mai departe de Soare decât Jupiter, fiind deci mai rece, și în ciuda faptului că înclinația sa axială este de 17 grade, similară cu cea a Pământului. În consecință, contrastul dintre modelele climatice în partea superioară a norilor lui Saturn este mai puțin pronunțat decât în cazul lui Jupiter, astfel încât planeta este mai puțin interesantă de urmărit din această perspectivă. Există și unele excepții de la această înfățișare anostă. Saturn are o Mare Pată Albă, o denumire care amplifică acest fenomen pentru a-l face să pară la fel de important ca Marea Pată Roșie de pe Jupiter. Este o furtună care apare la intervale de circa 30 de ani, o dată la fiecare perioadă orbitală, declanșându-se când polul nordic al lui Saturn este înclinat către Soare. De asemenea, în 2004, sonda spațială *Cassini* a văzut o formațiune complexă de nori denumită Furtuna Dragon. Ea a generat explozii de unde radio și a fost interpretată ca o furtună gigantică, în care emisiile radio erau produse de fulgere.

Există o trăsătură unică a atmosferei lui Saturn, care n-a fost bănuită înainte de Epoca Spațială. Din cauză că de pe Pământ nu vedem cu claritate polii lui Saturn, abia cu prilejul misiunilor *Voyager* din 1981 am primit niște imagini făcute de la mică distanță (confirmate de misiunea *Cassini* din 2006), în care oamenii de știință au văzut un fenomen neobișnuit: un hexagon de nori la polul nord al planetei. Este o caracteristică unică în sistemul solar. Laturile hexagonului au lungimea de circa 14 500 de kilometri; suprafața sa ar cuprinde cu ușurință Pământul de câteva ori. Polul nord al lui Saturn a fost vizualizat prin mai multe filtre colorate la momente diferite. Hexagonul apare în toate aceste imagini. Asta înseamnă că diferitele culori provin de la adâncimi diferite din atmosfera lui Saturn. Prin urmare, corpul hexagonului ar trebui să aibă o înălțime de ordinul sutelor de kilometri. Au fost propuse o mulțime de explicații pentru această formă hexagonală, dar deocamdată juriul este în deliberare și motivul acestei forme geometrice precise rămâne unul din secretele lui Saturn.

Controversa din jurul acestei structuri nou descoperite exemplifică unul dintre motivele explorării sistemului solar. Știința meteorologiei s-a dezvoltat pentru a se putea prezice fenomenele atmosferice de pe Pământ. Atmosferele celorlalte planete constituie noi provocări pentru meteorologie și îi impulsionează dezvoltarea, făcând-o să atingă noi niveluri ale cunoașterii, iar aceste progrese se răsfrâng asupra meteorologiei terestre, conferindu-i o amploare și o precizie mai mari. Așa cum biografiile oamenilor oferă indicii privind caracterul uman, din care putem extrage lecții privind propriul nostru comportament, tot așa biografiile planetelor ne oferă indicii despre propria noastră lume și despre modurile în care ne influențează ea. Chiar dacă studiază viețile altor planete din sistemul solar, oamenii de știință care se ocupă de spațiul cosmic au mereu în minte planeta numită Pământ.

# Capitolul 12

## Titan: existență suspendată

* Clasificare științifică: *satelit al lui Saturn.*
* Distanță față de Saturn: *3,27 × distanța dintre Pământ și Lună = 1 221 850 km.*
* Perioadă orbitală: *15,9 zile.*
* Diametru: *1,48 × diametrul Lunii = 5 150 km.*
* Perioadă de rotație: *sincronă.*
* Temperatură medie a suprafeței: *–180 °C.*
* Plan secret: *„Dacă voi găsi energia necesară, într-o zi am să aduc viață în regiunea asta".*

Astronomii care studiază galaxiile au posibilitatea să privească în trecut observându-le pe cele mai îndepărtate. Lumina se deplasează cu o viteză limitată și, după ce este emisă de o galaxie, ajunge la noi după un anumit timp. Ea le aduce astronomilor vești despre felul cum erau galaxiile îndepărtate când lumina a plecat de acolo. Dacă galaxia este foarte îndepărtată, timpul acesta poate fi lung. A devenit astfel aproape o rutină pentru astronomi să studieze galaxii în toate etapele vieții lor. În termeni biologici, este ca și cum ai studia elevii dintr-o școală, cumpărătorii dintr-un mall și bătrânii dintr-un azil pentru a deduce astfel modul în care îmbătrânesc oamenii. Într-un oraș, comunitățile de oameni sunt separate de distanță, dar în univers galaxiile sunt separate de ani-lumină, adică de timp. Intervalul de timp pe care astronomii îl au la dispoziție pentru a cerceta trecutul în acest fel se întinde până la 90% din vârsta universului, adică circa 12 miliarde de ani.

Pe de altă parte, astronomii care studiază planete nu se află într-o poziție la fel de bună. Planetele din sistemul solar sunt îndepărtate din punctul de vedere al distanțelor cu care suntem obișnuiți în mediul nostru de viață, dar nu atât de îndepărtate din perspectiva distanțelor astronomice. Ca să ajungă de la Saturn la Pământ, lumina are nevoie doar de o oră și 20 de minute. Nu e de niciun folos în descifrarea istoriei unei planete să știi cum era aceasta cu o oră înainte, dacă ținem cont că vârsta ei este de 4,6 miliarde de ani. O oră aproape că nu înseamnă nimic.

Există un sens în care astronomii pot privi în trecut când studiază planeta Saturn. Aceasta se află la marginea exterioară a sistemului solar, în care influența gravitațională a Soarelui și lumina de la acesta sunt slabe. În consecință, Saturn este rece. Mai mult, la această distanță față de Soare, asteroizii sunt mai puțin numeroși și se mișcă mai lent. Una peste alta, în vidul cosmic se întâmplă mai puține lucruri. La temperaturi scăzute, procesele chimice sunt mai slabe, iar în condiții de gravitație redusă, ciocnirile sunt mai rare și mai lente. Dacă ar exista o planetă similară Pământului în regiunile depărtate ale sistemului solar, probabil că ar fi mai puțin avansată în evoluția ei în comparație cu planeta noastră. Ar putea fi asemenea Terrei la scurt timp după ce s-a format, poate chiar înainte ca viața să fi evoluat aici.

Deși astronomii nu pot călători în mod real înapoi în trecutul îndepărtat pentru a vedea cum arăta de fapt Pământul, sistemul solar ne-a pus la dispoziție exemplul norocos al unei lumi care în prezent este așa cum era cândva planeta noastră. Exemplul îl constituie Titan, unul dintre sateliții lui Saturn. Trimițând sonde spațiale robotizate pentru a-l studia, astronomii au parcurs în spațiu distanța pe care n-o pot străbate în timp: distanța până la originile vieții.

Saturn și sateliții săi au fost explorați pentru prima oară cu ajutorul unor survolări scurte efectuate de *Pioneer 11* în 1979 și de cele două sonde *Voyager* în 1980 și 1981. În 1997, sonda spațială *Cassini-Huygens*, construită de NASA și ESA, a fost lansată de la Cape Kennedy din Florida pentru a studia sistemul lui Saturn. Ajunsă la destinație, nava s-a separat în două. Sonda spațială numită *Huygens* s-a parașutat pe cel mai mare satelit saturnian, Titan, în vreme ce naveta orbitală *Cassini* a pătruns în sistemul lui Saturn și s-a deplasat în interiorul acestuia din 2004 până în 2017. Această misiune comună — una dintre cele mai reușite misiuni de explorare planetară din toate timpurile — ne-a sporit substanțial cunoștințele despre Saturn. Ne-a deschis ochii față de potențialul de dezvoltare a vieții în locuri despre care se credea anterior că ar fi complet imposibilă.

Am urmărit lansarea lui *Cassini-Huygens* de la Centrul Spațial Kennedy. Era noapte și am stat lângă canalul de scurgere din apropierea rampei de lansare. De la baza unui mal abrupt din apropiere, un aligator se uita în sus la mine, clipind. Ochii îi scânteiau în lumina lunii, iar solzii îi străluceau de la apa noroioasă prin care înota. O rachetă Titan IVB/Centaur, cea mai puternică disponibilă la acea vreme, se înălța pe rampa de lansare, în lumina puternică a reflectoarelor. Era o forță brută de o mie de tone, având la bord două tone de tehnologie spațială sofisticată de secol XX. Undeva în apropierea rampei, într-un buncăr care îi proteja de accidente, controlorii misiunii efectuau numărătoarea inversă care avea să trimită astronava în locuri de care mă despărțea o distanță enormă. Așa cum s-a dovedit, acele locuri erau totodată separate de mine și printr-un enorm interval de timp. Dacă ar fi existat viață în sistemul saturnian, aceasta ar fi fost mult mai primitivă în comparație cu aligatorul decât era aligatorul în comparație cu mine. Racheta s-a desprins de rampă cu un zgomot asurzitor și o explozie luminoasă de la combustibilul ars, pornind pe o traiectorie ușor curbă deasupra Oceanului Atlantic și înălțându-se în spațiu. Am așteptat șapte ani, cât i-a luat ca să ajungă la Saturn, până când am auzit de primele sale descoperiri.

Titan este cu doar 100 de kilometri mai mic în diametru decât satelitul Ganymede al lui Jupiter, dar este mai mare decât planeta Mercur. Este atât de mare, încât și-a păstrat o atmosferă densă, fiind singurul satelit care a reușit acest lucru. Atmosferele celorlalți sateliți sunt rarefiate și temporare — acolo unde există. Prin telescoapele noastre de pe Pământ, Titan apare ca o sferă lipsită de forme de relief, acoperită de un strat uniform de nori. Senzorii primelor sonde care au survolat satelitul nu au reușit să pătrundă prin pătura de nori, astfel că nu au sesizat forme de relief la suprafață. Însă au observat și au strâns date despre atmosfera lui densă, care avea aspectul unei ceți oranj în lumina Soarelui. Atmosfera lui Titan se înalță până la aproape 1 000 de kilometri în spațiu.

Atmosfera este compusă în cea mai mare parte din azot, cu doar câteva procente de metan (1–5%, în funcție de înălțimea atmosferică), precum și urme de heliu, argon și alte hidrocarburi. Ceața observată de sonde este un smog de particule negricioase, produse de acțiunea luminii solare ultraviolete asupra metanului.

Faptul că metanul continuă să existe în atmosfera lui Titan este semnificativ, căci acțiunea luminii solare ar fi trebuit să transforme întreaga atmosferă în alte hidrocarburi în mai puțin de 50 de milioane de ani. Prin urmare, pe Titan trebuie să existe o sursă de metan: un rezervor imens, coșuri vulcanice sau chiar, ipotetic vorbind, activitate biologică.

Temperatura la suprafața lui Titan este de –170 °C, iar presiunea atmosferică la suprafață este de 1,5 ori mai mare decât cea de la suprafața Pământului. În astfel de condiții, metanul se condensează în stare lichidă. Titan trebuie să fie „umed" — nu din cauza apei, ci a metanului lichid. Până la misiunea *Cassini-Huygens*, structura acestei suprafețe umede era necunoscută. Planetologii se întrebau dacă suprafața este umedă pretutindeni: un ocean de metan la scara întregului satelit natural? Sau este presărată cu iazuri și lacuri printre stânci? Sau este umedă și moale ca o mlaștină? Controversele au intrat în faza detaliilor tehnice în timpul proiectării landerului *Huygens*. În mod evident, răspunsul la aceste întrebări ar fi fost determinant pentru supraviețuirea sondei spațiale. Controversa a rămas nerezolvată până când Huygens a ajuns acolo. Acest secret al lui Titan a fost dezvăluit abia în momentul asolizării.

*Huygens* a fost transportat de *Cassini* până la Saturn, apoi a coborât pe Titan. Călătoria până la Saturn a fost un zbor spațial lung de șapte ani, în care *Huygens* a dormitat mai tot timpul, fiind trezit pentru scurt timp odată la șase luni pentru un control de sănătate. A fost o mare realizare construirea unor echipamente care să fie depozitate șapte ani în condiții spațiale și care să funcționeze odată ajunse la destinație. Landerul urma să coboare pe Titan cu ajutorul unor parașute, al căror material trebuia pliat foarte strâns, ca să încapă în interiorul astronavei — oare aveau să se desfacă parașutele? *Cassini* era alimentat de un generator electric radioactiv, dar *Huygens* avea baterii. Bateriile trebuiau să piardă cât mai puțin din energia înmagazinată, astfel încât să rămână suficientă pentru acționarea aparaturii electrice (lumina solară care ajunge la Saturn este atât de slabă, încât panourile solare ar fi fost ineficiente). Computerele trebuiau programate cu un software care fusese testat o perioadă mai îndelungată decât de obicei, prin urmare era deja învechit când nava a părăsit Pământul — oare aveau să mai fie controlori ai misiunii care să înțeleagă acel limbaj de programare în momentul asolizării, astfel încât să poată efectua modificările necesare? De fapt, aveau să mai fi prin preajmă oamenii care construiseră echipamentul ca să le spună controlorilor cum funcționează și ce trebuie să facă dacă apare vreo problemă? Răspunsurile au fost pozitive, grație disciplinei cu care misiunea a fost planificată și controlată de către NASA și Agenția Spațială Europeană.

*Cassini* a ajuns cu bine la Saturn în ziua de Crăciun a anului 2004. S-a separat de *Huygens* făcând să explodeze bolțurile cu care era fixat de el și detensionând arcurile care au propulsat landerul în spațiu. Timp de două săptămâni, landerul a navigat către țintă, parașutându-se în cele din urmă pe Titan. Încărcătura științifică a landerului era alimentată cu baterii care au durat cu puțin peste trei ore. Coborârea lentă a durat două ore, timp în care sonda spațială a determinat compoziția atmosferei lui Titan și a efectuat și alte măsurători. Landerul s-a legănat ca un pendul sub parașute, rotindu-se lent și planând în bătaia vântului. În timpul coborârii a fost în întregime autonom. Dacă ar fi fost de luat o decizie, nu ar fi avut niciun rost să fie programat să trimită un mesaj radio pe Pământ prin care să se ceară ajutor. Până când undele radio ar fi făcut cale întoarsă de pe Pământ aducând cu ele un răspuns, ar fi trecut cel puțin trei ore, iar problema s-ar fi rezolvat de la sine — sau nu.

O cameră instalată pe lander a filmat imaginile din timpul coborârii. Sonda s-a îndreptat spre un țărm stâncos. Se vedea o zonă plană care mărginea o regiune deluroasă secționată de canale de scurgere — râuri. Pe care parte a țărmului avea să asolizeze Huygens? Pe dealuri, de unde s-ar fi putut rostogolit pe peretele unei văi? Sau avea să aterizeze în siguranță pe zona plană? Care era natura acestei zone plane? Oare sonda urma să coboare pe o suprafață stâncoasă stabilă? Sau avea să se scufunde într-un lac ori să fie înghițită de niște nisipuri mișcătoare? Primul lucru pe care *Huygens* urma să-l facă pentru a explora suprafața lui Titan era să o atingă. Landerul era prevăzut în partea de jos cu o sondă subțire, care urma să determine cât de dur era locul asolizării — argumentele din timpul fazei de proiectare sugeraseră că putea fi vorba de o suprafață lichidă, solidă sau mlăștinoasă.

Sonda a asolizat cu un bufnet înfundat, deși nu era nimeni acolo care să audă zgomotul. Terenul era relativ neted, dar nu era lichid. Suprafața nu era nici dură și solidă, nici moale și pufoasă; era ușor comprimabilă, ca un strat de nisip ud sau de zăpadă nu foarte compactă. Când s-a așezat pe sol, landerul a adâncit câțiva milimetri în nisip piatră aflată sub baza lui.

Camera instalată pe lander a filmat zona din jurul locului de asolizare și a avut timp să transmită o imagine până la *Cassini* și de-acolo spre Pământ. În imagine se văd bolovani rotunjiți, care s-au rostogolit pe albiile râurilor într-un estuar plin cu nisip umed. În unele privințe, imaginea este prozaică, un peisaj banal, care poate fi văzut pe orice țărm noroios de pe Pământ, brăzdat de râuri care ies din matcă. Un peisaj pe care l-ai putea vizita în timpul unei plimbări revigorante într-un weekend, dar nu unul care să fie suficient de atrăgător pentru un concediu de odihnă. Dar în spatele acestei priveliști cvasiterestre se află ceva care nu seamănă cu nimic de pe Pământ. Peisajul a fost creat nu de apă, ci de metan lichid. Pe Titan, plouă cu metan pe dealuri, iar metanul lichid se scurge în râuri, cărând sloiuri de gheață pe care le depozitează pe fundul câte unui lac de metan care mai apoi se evaporă.

Atmosfera opacă și cețoasă, ca de smog, ascunde suprafața lui Titan, dar pe măsură ce se rotea pe orbita lui Saturn, survolând de câteva ori satelitul Titan, sonda *Cassini* și-a folosit radarul pentru a penetra prin smog și a analiza întreaga suprafață. Locul de asolizare al lui *Huygens* făcea parte dintr-un peisaj lichid, un mozaic de mici lacuri de metan, cu forme neregulate. Altundeva există un râu lung de 400 de kilometri, care curge printr-o regiune de canioane cu pereți abrupți, înalți de până la 600 de metri. Într-o fotografie a lui Titan făcută de *Cassini* în timp ce „privea" înapoi spre Soare pe deasupra unuia dintre lacuri, se vede scânteierea Soarelui la apus reflectată sub atmosferă. Când vântul bate cu putere, lacurile au valuri înalte care se rostogolesc agale pe suprafața lor. (Titan ar putea fi un loc bun pentru surfing.) Succesiunea anotimpurilor pe satelit face ca lacurile să sece și apoi să se reumple progresiv. *Huygens* a asolizat în acel loc într-un moment norocos, în anotimpul secetos. Dacă ar fi asolizat într-un moment nepotrivit, ar fi căzut în lac și s-ar fi scufundat.

Atmosfera lui Titan seamănă cu atmosfera Pământului așa cum era odinioară, iar chimia bogată în carbon a atmosferei și lacurilor sale se crede că este similară chimiei bazate pe carbon care a precedat viața pe Pământ. Ingredientele chimice pentru viață există acolo, în atmosfera prebiotică a lui Titan. Nu există dovezi de viață propriu-zisă, deși probabil că pe țărmurile lacurilor trăiesc unele *archaea* — organisme primitive de tipul bacteriilor. În mod sigur acestea nu au provocat pe Titan o Mare Oxigenare ca aceea care a înzestrat atmosfera terestră cu oxigen în urmă cu circa 2,4 miliarde de ani. Știm că acest lucru nu s-a întâmplat, pentru că oxigenul s-ar fi combinat cu metanul și l-ar fi eliminat din atmosferă. În viitor, sonde spațiale sub forma unor drone ar putea explora satelitul zburând prin atmosfera acestuia în căutarea vieții în lacurile de metan. Se va dovedi oare că Titan se află în mod categoric într-un stadiu prebiotic sau că este plasat chiar la începutul procesului care duce la apariția vieții?

# Capitolul 13

## Enceladus: o inimă caldă

* Clasificare științifică: *satelit al lui Saturn.*
* Distanță față de Saturn: *0,62 × distanța dintre Pământ și Lună = 238 000 km.*
* Perioadă orbitală: *1,37 zile.*
* Diametru: *0,145 × diametrul Lunii = 500 km.*
* Perioadă de rotație: *sincronă.*
* Temperatură medie a suprafeței: *–198 °C.*
* Mândrie secretă: *„Poate că par rece la suprafață, dar am o inimă caldă".*

Enceladus, satelit al lui Saturn, este o mică sferă stâncoasă acoperită de gheață, cu diametrul de 500 de kilometri. Natura lui atrage atenția mai mult decât dimensiunea. În unele privințe, Enceladus este văr cu Io al lui Jupiter. La fel ca Io, Enceladus are vulcani — dar nu dintre cei cu erupții de lavă incandescentă, ci criovulcani („vulcani reci"), din care erup gheizere de apă înghețată. Apa cade sub formă de zăpadă pe jumătate din suprafața satelitului. Enceladus este o combinație între Parcul Yellowstone din Wyoming și stațiunea de schi Aspen din Colorado. Existența criovulcanilor a fost descoperită în urma unei observații întâmplătoare efectuate de o echipă condusă de Michele Dougherty de la Colegiul Imperial din Londra. Instrumentele de la bordul unui satelit științific sunt realizate de o echipă condusă de un cercetător științific principal, cel care își asumă responsabilitatea livrării la timp a echipamentului în stare funcțională și îi garantează nu numai performanța, ci și că nu va cauza probleme altor componente ale satelitului. Dougherty a ocupat această funcție pentru un instrument de pe sonda spațială *Cassini* care a fost folosit pentru cartografierea câmpului magnetic al lui Saturn. Oriunde se afla sonda spațială, instrumentul făcea o măsurătoare. În 2005, *Cassini* trecea pe lângă Enceladus la o distanță considerabilă, iar Dougherty și echipa ei nu se așteptau să vadă ceva semnificativ. Erau atât de dezinteresați de perspectiva a ceea ce presupuneau că va fi o măsurătoare de rutină, încât nici n-au mai verificat datele o zi sau două. Totuși, când au făcut-o, au observat că o neregularitate a câmpului magnetic al lui Saturn se deplasa odată cu Enceladus. Aceasta sugera că satelitul avea un fel de atmosferă care prinsese câmpul magnetic ca într-o capcană și îl trăgea după el. Dougherty a observat același lucru când sonda a mai trecut o dată pe lângă Enceladus. Erau unele indicii potrivit cărora „atmosfera" era compusă din apă. Enceladus este prea mic pentru a avea o atmosferă permanentă și ar fi fost o situație rară ca un satelit să aibă o atmosferă din apă, în afara unor perioade scurte, după o ciocnire cu o cometă. Așadar ce se întâmpla?

Dougherty și echipa ei au analizat descoperirea câteva săptămâni, prelucrând de mai multe ori datele pentru a fi siguri de ceea ce văzuseră și examinând implicațiile. Prezentând descoperirea la o conferință legată de misiune, ea a reușit să-i convingă pe controlorii misiunii să dirijeze sonda prin regiunea unde fusese observată neregularitatea, pentru a confirma că acolo există particule de materie. Asta a presupus un survol al sondei la distanță foarte mică de suprafața satelitului. Controlorii misiunii erau entuziasmați de perspectiva de a doborî recordul pentru cea mai apropiată survolare a unui satelit efectuată de o sondă spațială, recordul la momentul acela fiind de numai 173 de kilometri. Ar fi fost o performanță lăudabilă!

La început, oamenii de știință au fost sceptici cu privire la orice schimbare a programului misiunii pe care îl puseseră la punct în ani de zile. Dar până la urmă s-au lăsat convinși că descoperirea ar fi importantă și că sonda *Cassini* ar trebui să participe la realizarea ei. În cele din urmă, oamenii de știință și controlorii au făcut sonda să zboare la o altitudine de doar 25 de kilometri, unde „atmosfera" era atât de densă, încât a fost cât pe ce să se piardă controlul asupra astronavei — a fost un act de bravadă aproape exagerat!

Pe măsură ce datele se acumulau, a devenit clar că „atmosfera" este localizată la polul sudic al lui Enceladus. În regiunea botezată de astronomi „dungi de tigru", satelitul produce jeturi de vapori de apă și fragmente de gheață (grindină și zăpadă) amestecate cu metan, dioxid de carbon și alte molecule organice simple. Jeturile au fost vizualizate ca niște fântâni arteziene la o trecere a sondei spațiale pe deasupra suprafeței satelitului în 2006. Aceasta a fost poziționată anume ca să vizualizeze jeturile, pe fundalul luminos asigurat de Soare.

Cantitatea totală de gheață care este ejectată în spațiu în jurul lui Enceladus este aproximativ egală cu cea provenită de la gheizerul Old Faithful din Parcul

Yellowstone. O parte din cristalele de gheață cad pe Enceladus, iar restul sunt ejectate în spațiu și alimentează inelul E. Acest inel difuz se află în afara inelelor principale ale lui Saturn. Inelul conturează orbita lui Enceladus, făcând-o vizibilă, curbându-se în spațiu în jurul planetei.

La fel cum suprafața lui Io este acoperită cu sulf și cenușă de la vulcanii săi, jumătate din suprafața lui Enceladus este acoperită cu gheață provenită de la criovulcanii acestuia. Relieful care acoperă polul nord al lui Enceladus are o vechime considerabilă și este plin de cratere, ca Luna. Craterele sunt deformate, erodate și tăiate de prăpăstii, ceea ce arată că, de la formarea craterelor, a existat o activitate geologică substanțială.

Prin contrast, emisfera sudică a lui Enceladus, unde sunt situate gheizerele, este nouă, netedă, cu un relief ușor vălurit, acoperită de jeturi de zăpadă și de grindină. Zăpada din jeturi cade înapoi pe suprafața satelitului. Zăpezile căzute vreme de milioane de ani au acoperit suprafața cu un strat gros. Micuții fulgi de nea au acoperit suprafața stâncoasă a lui Enceladus, netezindu-i dealurile și depresiunile. Unele dintre formele de relief mai pronunțate se ițesc fantomatic deasupra zăpezii: cratere și canioane vechi îngropate, cele mai mari dintre ele comparabile cu Marele Canion din Arizona.

Stratul de zăpadă fină are pe alocuri o grosime de 100 de metri în această regiune. Deci este considerabil mai gros decât într-o stațiune de schi. Dar s-a acumulat cu o viteză mult mai mică decât și-ar dori managerul unei astfel de stațiuni să se întâmple la începutul sezonului de schi. Mai exact, viteza de acumulare este mai mică de o miime de milimetru pe an. De-a lungul a milioane de ani, chiar și la o viteză atât de mică, zăpada a creat o pistă extrem de fină — suprafața de schiat este permanentă și garantată! Valurile mari de pe lacurile lui Titan sunt foarte bune pentru surfing, iar Enceladus este locul unde trebuie să te duci pentru a schia. Ar fi foarte costisitor să călătorești până la sistemul saturnian ca să-ți petreci vacanța acolo, dar ai găsi la fața locului condiții atât pentru sporturile de vară, cât și pentru cele de iarnă.

Gheizerele de pe Enceladus care au creat aceste condiții potențial ideale pentru practicarea sporturilor de iarnă pe toată durata anului sunt alimentate de rezervoare de apă lichidă aflate la o adâncime relativ mică. Scoarța este brăzdată de crăpături mari, paralele și închise la culoare (așa-numitele „dungi de tigru"), iar în adâncul ei se află regiuni calde. Rocile sunt încălzite de încovoierea corpului satelitului provocată de forțele mareice ale lui Saturn — cam în aceeași manieră în care Jupiter acționează asupra lui Io. Prin urmare, în interiorul lui Enceladus se află rocă fierbinte, a cărei căldură topește gheața internă și umple cavernele subterane cu apă, în care sunt dizolvate substanțe chimice organice. Rezervoarele de apă subterane sunt uriașe. Partea superioară a oceanului de sub suprafață se află probabil la o adâncime de 30 de kilometri, iar adâncimea oceanului poate fi de până la 10 kilometri.

Mediul din acest ocean este similar cu unele medii de nișă de pe Pământ: peșteri umede, calde și întunecate, situate adânc în interiorul rocilor vulcanice. Implicația ar fi că Enceladus este un potențial habitat pentru viață. Când specula pe marginea locului de pe Pământ unde ar fi putut să se nască viață, Charles Darwin își imagina că a fost vorba de un „mic iaz călduț" (vezi Capitolul 2). Pe Enceladus, viața ar fi putut să înceapă într-un „uriaș rezervor călduț". Ceea ce face din Enceladus o potențială țintă de explorat în căutarea vieții extraterestre. S-ar putea să fie locul cel mai accesibil pentru a face acest lucru. Gheizerele de pe Enceladus aduc eșantioane de apă cândva caldă la suprafața satelitului, unde pot fi colectate pentru analize de către o sondă spațială pornită în căutarea vieții extraterestre. Aceasta ar putea zbura printre jeturi și n-ar fi nevoită să foreze printr-un kilometru de gheață, așa cum s-ar întâmpla dacă ar căuta viață în oceanul de sub suprafața satelitului jupiterian Europa. Nici măcar nu trebuie să asolizeze pe Enceladus ca să vadă dacă există viață acolo. Nu e de mirare că astrobiologii sunt atrași de studierea acestui satelit, visând la trimiterea unor misiuni care să-l exploreze, pentru a-i dezvălui secretele rămase.

# Capitolul 14

## Uranus: planeta răsturnată

* Clasificare științifică: *gigant de gheață.*
* Distanță față de Soare: *19,2 × distanța Pământ-Soare = 2 872,5 milioane de kilometri.*
* Perioadă orbitală: *84,1 ani.*
* Diametru: *4,01 × diametrul Pământului = 51 118 km.*
* Perioadă de rotație: *17,9 ore.*
* Temperatura medie la partea de sus a norilor: *–165 °C.*
* Putere secretă: *„Am o perspectivă complet diferită asupra universului"*.

În Antichitate, Uranus era necunoscută. În principiu, poate fi văzută cu ochiul liber în condițiile cele mai favorabile, dar deloc ușor, așa încât nu e o surpriză că nimeni nu a observat-o înainte de inventarea telescoapelor. Planeta a fost descoperită în 1781. Existența sa pare să confirme o formulă ciudată numită „legea lui Bode", referitoare la distanțele planetelor față de Soare, care pare să descrie un aspect semnificativ al arhitecturii sistemului solar. La momentul respectiv, lumea credea că, dacă am putea înțelege secretul dezvăluit de legea lui Bode, am avea parte de o importantă revelație științifică. Unii continuă să spere că există un secret științific ascuns în această lege, care urmează să fie descoperit, dar, dacă așa stau lucrurile, oamenii de știință încă n-au aflat despre ce e vorba.

Alți astronomi sunt sceptici. Îndoielile lor sunt exprimate, printr-o coincidență, în mișcarea din suita muzicală *Planetele* pe care compozitorul Gustav Holst a dedicat-o planetei Uranus. El și-a subintitulat mișcarea „Magicianul". Compoziția conține câteva trucuri de magie, inclusiv o incantație în punctul culminant final, în care Uranus pare să se învăluie în flăcări și să dispară. Fără tragere de inimă, mulți astronomi au conchis că, la fel ca trucurile de magie, legea lui Bode e mai puțin misterioasă decât pare. Totuși nu este o iluzie faptul că Uranus este întoarsă cu susul în jos.

Astronomul care a descoperit planeta Uranus a fost William Herschel, ajutat de sora sa, Caroline. În 1871, William nu era de fapt astronom, ci un muzician interesat de astronomie. S-a născut în 1738 la Hanovra și a devenit membru al unei fanfare militare. A luptat de partea armatei britanice în Bătălia de la Hastenbeck, după care a părăsit armata; unii spun pe nedrept că ar fi dezertat în degringolada care a urmat după ce britanicii au fost înfrânți de francezi. Nu știm dacă această afirmație este adevărată sau falsă, dar cert e că a fugit în Anglia. S-a stabilit la Bath, unde s-a făcut cunoscut ca profesor de muzică și organist al bisericii. Se pare că era văzut ca o partidă bună de către doamnele din înalta societate care veneau să ia lecții de pian de la el. Sora lui, Caroline, a fugit și ea din Hanovra, dar nu ca să scape de armată, ci de tirania fratelui mai mare, Jacob, care avea un comportament abuziv, ținând-o captivă în casă ca menajeră.

Variola lăsase cicatrici pe fața Carolinei, iar rudele îi spuseseră că, având o asemenea față, n-o să atragă niciodată un soț, așa că mai bine să-și concentreze atenția asupra familiei. Caroline s-a resemnat în fața acelei profeții care părea să se adeverească și care, în același timp, servea interesele familiei, dar nu se vedea cosând tot restul vieții ciorapi pentru fratele ei mai mare. În cele din urmă, a reușit să ajungă la Bath, la fratele ei mult mai prietenos, William, pe care l-a apărat de văduvele prădalnice, l-a acompaniat cu vocea în concertele susținute de acesta și l-a asistat în studiile lui. Când William a devenit interesat de astronomie, a început să învețe singură elementele de bază ale acestei discipline.

William a construit telescoape, turnând și șlefuind el însuși oglinzi în subsolul casei sale, care acum este un muzeu — încă se poate vedea pardoseala crăpată din pricina căldurii degajate de un accident survenit în timpul turnării oglinzilor. A proiectat și construit tuburi de telescop din lemn și cositor și a instalat telescoape pe gazonul din grădină sau chiar pe trotuarul din fața casei, dacă de asta era nevoie pentru a obține o poziție de vizualizare mai bună. Telescoapele sale erau cele mai bune din epocă: aveau sisteme optice cu o rezoluție bună și postamente solide, fiind totodată ușor de folosit, astfel că ulterior au constituit baza unei afaceri profitabile.

William a venit cu ideea de a „analiza" în întregime cerul, examinând fiecare stea și spațiile dintre ele și lăsând cerul să treacă prin câmpul vizual al telescopului său în fâșii paralele, în timp ce el nu-și dezlipea privirea de ocularul instrumentului. Caroline avea grijă ca procedura să fie sistematică. Cei doi au consemnat stele duble, roiuri și nebuloase stelare, compilând cataloage care au definit cadrul general ce a permis efectuarea unor investigații detaliate timp de un secol după aceea.

Pe 13 martie 1781, William a văzut o stea demnă de atenție. Tocmai faptul că telescopul lui avea un sistem optic foarte bun i-a permis să observe că aspectul astrului avea ceva neobișnuit. Era „o ciudățenie, fie o stea difuză, fie poate o cometă". Observând-o în următoarele ore și zile, cei doi au constatat că aceasta se mișcase și deci nu putea fi o stea, care ar fi rămas fixă. Atunci să fi fost o cometă? Nu, pentru că observațiile lor erau incompatibile cu această idee. O cometă s-ar fi aflat pe o orbită foarte excentrică ce ar fi intersectat sistemul solar, dar obiectul ciudat s-a dovedit a se afla pe o orbită aproape circulară, ca o planetă aflată dincolo de Saturn. De asemenea, cometele au un aspect difuz, de parcă ar avea păr, o așa-numită *coma*, și adesea au și coadă. Obiectul „ciudat" văzut în telescopul său avea forma unui disc circular, la fel ca o planetă. Dacă o pasăre arată ca o rață și măcăne ca o rață, atunci probabil că e o rață. Obiectul ciudat arăta ca o planetă și se comporta ca o planetă — s-a dovedit a fi o planetă.

William a fost invitat să-i vorbească regelui George al III-lea despre descoperire și apoi i s-a cerut să construiască un telescop pentru Castelul Windsor, ca să poată prezenta celor de la curte imagini ale corpurilor cerești, cum ar fi nou-descoperitele comete. William a fost numit astronom regal și a primit un stipendiu astfel încât să aibă libertatea de a lucra fără grija zilei de mâine. Sora și colaboratoarea lui, Caroline, a primit și ea un stipendiu. Suma primită de aceasta era doar jumătate din cea acordată lui William, o discriminare de gen deloc nefamiliară chiar și în zilele noastre. Chiar și așa, Caroline a fost încântată de acești bani, care îi dădeau o libertate pe care n-o mai avusese niciodată: „În octombrie 1787, am primit prima sumă trimestrială în valoare de 12 lire și 10 șilingi. Au fost primii bani din toată viața mea pe care, la vârsta de 37 de ani, m-am putut gândi că am libertatea să-i cheltuiesc după bunul meu plac".

S-a stârnit o oarecare agitație cu privire la numele ce urma să fie atribuit planetei, William dorind să intre în grațiile regelui britanic, dar iritându-i pe astronomii nebritanici prin propunerea de a o boteza *Georgium Sidus* — „planeta georgiană". În cele din urmă, a avut câștig de cauză propunerea făcută de astronomul german Johann Bode. „E mai bine să rămânem fideli mitologiei", a opinat acesta, recomandând ca planeta să fie numită Uranus, după zeul grec al cerului. Este singura planetă al cărei nume provine direct din mitologia greacă, celelalte fiind numite după zeii Romei antice.

La sfârșitul secolului al XVII-lea, Bode era un lider al astronomiei germane și a jucat un rol esențial în descoperirea și difuzarea a ceea ce a devenit cunoscut ca legea Titius-Bode referitoare la distanțele planetelor față de Soare, în elaborarea căreia Uranus a avut un rol semnificativ. Johann Daniel Titius a fost numit profesor de fizică la Wittenberg în 1756 și a tradus din franceză în germană o lucrare intitulată *Contemplation de la Nature*, scrisă de omul de știință elvețian Charles Bonnet. Titius a adăugat în text câteva idei proprii. Astfel, Bonnet scria într-un pasaj că „în prezent, cunoaștem șaptesprezece planete [și sateliți] care intră în componența sistemului nostru solar, dar nu suntem siguri că nu mai sunt și altele", continuând prin a anticipa noi descoperiri odată cu îmbunătățirea telescoapelor. Imediat după acest pasaj, Titius a inserat ceea ce astăzi numim legea Titius-Bode:

> Să acordăm atenție separării dintre planete și să observăm că distanțele dintre ele sunt aproape proporționale cu creșterea mărimii lor. Dacă luăm distanța dintre Soare și Saturn ca reprezentând 100 de unități, atunci Mercur se află la 4 astfel de unități față de Soare, Venus este la 4 + 3 = 7 unități, Pământul, la 4 + 6 = 10 unități, Marte, la 4 + 12 = 16 unități. După Marte, ar trebui să urmeze o poziție aflată la 4 + 24 = 28 de unități, unde în prezent nu poate fi văzută nici o planetă principală, nici una învecinată... Dincolo de această poziție care pentru noi rămâne nedezvăluită, se află domeniul lui Jupiter, la 4 + 48 = 52 de unități; iar Saturn se află la 4 + 96 = 100 de unități. Ce relație vrednică de laudă!

Bode a citit cartea lui Bonnet în traducerea lui Titius și a introdus relația propusă de Titius în textul propriei sale cărți, o introducere în astronomie publicată în 1772, *Anleitung zur Kenntniss des gestirnten Himmels (Introducere în cunoașterea cerurilor înstelate)*. Deși, în mod evident, calcă pe urmele lui Titius, Bode nici măcar nu-i menționează numele. Dar cartea lui a fost cea care a stârnit interesul celorlalți oameni de știință pentru această relație și, ca urmare, a devenit cunoscută ca legea lui Bode. Rolul jucat de Titius în această poveste a fost redescoperit ulterior și, pe drept cuvânt, numele i-a fost atașat la denumirea legii: Titius-Bode.

Mai jos este legea Titius-Bode în formă tabelară, din care reiese că, exceptând un interval, ea se desfășoară aproape numai prin dublarea distanței fiecărei planete față de Soare:

### LEGEA TITIUS-BODE

| *Planetă* | | | | | *Distanță calculată* | *Distanță reală* |
|---|---|---|---|---|---|---|
| Mercur | 0 | + | 4 | = | 4 | 3,9 |
| Venus | 3 | + | 4 | = | 7 | 7,2 |
| Pământ | 6 | + | 4 | = | 10 | 10 |
| Marte | 12 | + | 4 | = | 16 | 15 |
| Loc vacant | 24 | + | 4 | = | 28 | – |
| Jupiter | 48 | + | 4 | = | 52 | 52 |
| Saturn | 96 | + | 4 | = | 100 | 95 |

Uranus a mai adăugat o linie la tabel, valorile potrivindu-se uimitor de bine.

| | | | | | | |
|---|---|---|---|---|---|---|
| Uranus | 192 | + | 4 | = | 196 | 192 |

Potrivirea exactă a lui Uranus cu legea Titius-Bode a părut să facă din lege mai mult decât o coincidență. Dar lucrurile nu aveau să se oprească aici. La câțiva ani după descoperirea lui Uranus, a fost descoperit asteroidul sau planeta pitică Ceres. Ea se încadra în locul vacant dintre Marte și Jupiter (vezi Capitolul 8).

Legea părea să aibă putere predictivă. Legi similare au fost descoperite pentru distanțele dintre orbitele celor patru sateliți principali ai lui Jupiter, ca și pentru sateliții mari ai lui Uranus.

În schimb, pentru Neptun, legea Titius-Bode nu a dat un rezultat la fel de bun.

| | | | | | | |
|---|---|---|---|---|---|---|
| Neptun | 384 | + | 4 | = | 388 | 301 |

Totuși există o variație a legii Titius-Bode care funcționează pentru cele cinci planete aflate pe orbitele sistemului planetar extrasolar 55 Cancri. Și există și o generalizare mai complicată, ce pare să se potrivească pentru un total de 68 de sisteme planetare extrasolare care au în componență patru sau mai multe planete. Bineînțeles, cu cât este mai complicată o formulă matematică, cu atât mai ușor poate fi ajustată pentru a se potrivi precis cu datele, fără a avea o bază solidă pentru a face acest lucru.

Astronomii au căutat originea legii într-un fenomen real din formarea și viața sistemului solar. Dar nimeni nu l-a găsit vreodată. Poate că interacțiunile dintre planete, așa cum sunt exemplificate în Simularea de la Nisa, au o legătură cu această lege: prima prezentare a Simulării de la Nisa la care am asistat l-a provocat pe un astronom din public să proclame entuziasmat că Alessandro Morbidelli, creatorul simulării, a rezolvat în sfârșit misterul legii Titius-Bode! Morbidelli s-a distanțat totuși de această posibilitate.

Legea Titius-Bode ar putea fi prima manifestare a unui aspect semnificativ, dar rămas încă ascuns, după cum ar putea fi o curiozitate numerologică lipsită de sens. Perspectiva că ar putea fi rezultatul unui fenomen important amintește de episoade anterioare din istoria mișcărilor planetare. Astronomul german Johannes Kepler a găsit o coincidență care lega distanțele dintre planete de dimensiunile a cinci solide poliedrice regulate, încorporate unele în altele. Aceste solide sunt cunoscute ca solidele platonice: tetraedrul, cubul, octaedrul, dodecaedrul și icosaedrul.

Kepler a consemnat momentul în care a avut această intuiție. Pe 19 iulie 1595, se pregătea să predea o lecție de geometrie. A desenat pe tablă un cerc, în interiorul căruia a desenat un mare număr de triunghiuri echilaterale, cu colțurile pe cerc. În interiorul tuturor acestor triunghiuri a apărut un alt cerc, mai mic, care atingea laturile triunghiurilor. Dintr-odată, Kepler și-a dat seama că raportul dintre dimensiunile celor două cercuri era același ca raportul dintre dimensiunile orbitelor lui Jupiter și Saturn.

Apoi s-a întrebat dacă ar putea să potrivească orbitele altor planete într-o manieră similară. A încercat alte figuri geometrice plane — un triunghi, un pătrat, un pentagon și așa mai departe. Încercarea n-a reușit. Apoi s-a gândit că poate solidele geometrice tridimensionale ar fi fost mai bune, mai reprezentative pentru planete ca lumi tridimensionale.

Dorind să realizeze un model al sistemului solar, Kepler a construit o serie de solide încorporate unul în celălalt, în genul unei păpuși rusești. La exterior era orbita lui Saturn, reprezentată printr-o sferă. În interiorul acestei sfere el a înscris un cub, ale cărui colțuri atingeau sfera, iar în interiorul cubului a înscris altă sferă, care atingea laturile cubului. Această sferă reprezenta orbita lui Jupiter. În interiorul acelei sfere a înscris un tetraedru. Sfera din interiorul tetraedrului reprezenta orbita lui Marte. În interiorul sferei lui Marte, a introdus un dodecaedru (iar în el sfera Pământului), urmat de un icosaedru (cu sfera lui Venus înăuntru) și, în final, un octaedru cu o sferă în interior care reprezenta orbita lui Mercur.

Kepler moștenise cunoștințele de astrologie și alchimie de la mama lui, care fusese cândva judecată pentru vrăjitorie. Modelul sistemului solar peste care dăduse întâmplător era foarte coerent și avea niște proprietăți misterioase, care-l atrăgeau. A scris o carte despre acest model, publicată în 1596 și intitulată *Introducere la eseurile cosmologice, care conține Secretul Universului; despre minunata proporție a Sferelor Celeste și despre cauzele adevărate și particulare ale numărului, magnitudinii și mișcărilor periodice ale Cerurilor; stabilite cu ajutorul celor cinci Solide Geometrice Regulate.* Din acest titlu reiese cu claritate că, în opinia lui Kepler, coincidența descoperită de el era cheia vieților secrete ale planetelor aflate pe orbitele sistemului solar. Ființele umane sunt înclinate să găsească semnificații acolo unde ele nu există, în același fel în care unii oameni văd o semnificație în numerele norocoase care apar pe un bilet de loterie. Dar coincidențele sunt doar coincidențe și nu au nicio semnificație fundamentală.

Totuși Kepler era un mistic convins, astfel că a continuat să caute relații numerice similare în felul în care se mișcau planetele. În 1619, a publicat ceea ce avea să devină cunoscut drept „a treia lege a lui Kepler", care stabilește legătura dintre cubul dimensiunii orbitelor planetare și pătratul perioadei de revoluție în jurul Soarelui. Aceasta s-a dovedit a fi o consecință a legii gravitației formulate de Newton și are această formă deoarece forța gravitațională dintre două corpuri (cum ar fi o planetă și Soarele) este proporțională cu inversul pătratului distanței dintre ele. Coincidența numerologică lipsită de sens referitoare la cele cinci solide geometrice l-a conduse pe Kepler la o descoperire importantă, în spatele căreia se afla o lege a naturii fundamentală din punct de vedere științific. Exista o speranță foarte mică — și, într-o oarecare măsură, acea speranță a supraviețuit până azi — ca legea Titius-Bode să ducă la o consecință similară. Ea este atât de atrăgătoare pentru teoreticienii „de salon", încât revista de astronomie *Icarus* a trebuit să sisteze publicarea numeroaselor articole primite pe acest subiect.

Orbita lui Uranus are proprietăți care sugerează că ar avea niște secrete; la fel este și Uranus însăși. Atât Uranus, cât și Neptun sunt mai puțin studiate decât celelalte planete, fiind atât de îndepărtate și, în consecință, mai puțin explorate de sondele spațiale. De fapt, ambele planete au fost vizitate o singură dată, spre sfârșitul anilor 1980. Sonda interplanetară *Voyager 2* a vizitat Uranus în 1986. Și nu se întrevăd alte vizite ale unor nave spațiale.

La o examinare superficială, Uranus le imită pe Jupiter și pe Saturn, dar este mai mică decât ambele, mai depărtată de Soare și chiar mai rece. Drept urmare, Uranus are o viață și mai puțin interesantă decât Saturn, iar norii care acoperă planeta sunt aproape complet uniformi și lipsiți de trăsături distinctive. Dar nu întru totul. Uranus are un aspect albastru-verzui caracteristic datorat unui strat înalt de nori din metan înghețat. Spre deosebire de Jupiter și Saturn, interiorul lui Uranus este compus din diferite tipuri de gheață, nu din hidrogen și heliu — uneori este numită gigant de gheață, nu gigant gazos. De asemenea, din când în când, planeta este supusă unor furtuni puternice; nimeni nu știe cum se declanșează acestea, dar se bănuiește că sunt sezoniere.

Uranus are un câmp magnetic ciudat — puternic, dar neregulat. Nu este centrat în mijlocul planetei și este înclinat la un unghi care nu se aliniază cu rotația planetei. Este de cincizeci de ori mai puternic decât câmpul magnetic terestru.

Uranus are o suită foarte numeroasă de sateliți — peste 25. Toți au primit numele unor personaje din piesele lui William Shakespeare și dintr-un poem al lui Alexander Pope. Cei mai mari dintre ei sunt considerabil mai mici decât sateliții lui Jupiter sau Saturn, ba chiar și decât Luna noastră. Miranda, Ariel, Umbriel, Titania și Oberon sunt cei mai mari cinci sateliți ai lui Uranus, cu diametre de până la 1 500 de kilometri. Planeta are și un sistem de inele, 13 la număr, cele mai proeminente cinci dintre acestea fiind descoperite în 1977, când astronomii au observat o stea care era ocultată de Uranus.

Efectuarea unor astfel de observații constituie o performanță organizațională. Poziția stelei trebuie măsurată cu precizie maximă și trebuie făcute calcule exacte cu privire la locul în care se va deplasa planeta. Se poate întâmpla ca, dacă observațiile sunt făcute din anumite locuri de pe Pământ, să nu apară ocultări, căci marginea planetei trece extrem de aproape de stea, dar fără s-o acopere efectiv, ca să nu mai vorbim că unele stații de observare ar putea fi luminate de soare în momentele critice sau să fie acoperite de nori.

O cale de rezolvare a acestor probleme logistice este să se organizeze mai multe stații de observare, situate în locuri potrivite, care să stea în așteptare. Programul de observații din 1977 a ales o abordare diferită și a folosit Observatorul Aeropurtat Kuiper, o instalație NASA construită într-un avion de transport Lockheed C-11A Starlifter. Acesta s-a poziționat deasupra norilor în locul și la momentul potrivit, cu intenția de a studia slăbirea intensității luminoase a unei stele provocate de trecerea acesteia prin atmosfera planetei. Acest lucru s-a întâmplat conform așteptărilor, dar surpriza a constat în faptul că, în plus, lumina s-a diminuat în mod neașteptat de cinci ori înainte și de cinci ori după. Primul grup de cinci diminuări s-a întâmplat cu patruzeci de minute înaintea evenimentului principal, iar celălalt grup, la patruzeci de minute după respectivul eveniment. Diminuările individuale din fiecare grup de cinci au avut grade diferite, iar cele din grupul de „după" au fost inversate în raport cu grupul de „dinainte".

Motivul pentru aceste diminuări suplimentare era existența unui sistem de cinci inele în jurul lui Uranus. Inelele au densități diferite — motiv pentru care diminuările de intensitate au avut grade diferite. Existența inelelor a fost confirmată de imaginile transmise de sonda spațială *Voyager 2*, care a trecut prin sistemul lui Uranus în 1986, acestea fiind ulterior studiate de telescopul spațial Hubble. Inelele sunt limitate și păstorite de sateliții lui Uranus. În unele cazuri, existența sateliților rămâne la stadiul ipotetic: sunt prea mici și încă nu au fost văzuți.

Uranus are o proprietate unică între planetele principale ale sistemului solar: a fost răsturnată. Toate celelalte se rotesc în jurul unei axe aproape perpendiculare pe planul orbitei în jurul Soarelui și se rotesc în același sens în care se rotesc pe orbită. Văzut din poziția polului nord celest, care este situat în cosmos imediat deasupra Polului Nord geografic al Pământului, Pământul se rotește în jurul propriei axe și în jurul Soarelui în sens invers acelor de ceasornic. Ecuatorul Pământului nu este înclinat mult în raport cu planul său orbital. Uranus, pe de altă parte, este aproape răsturnat: se învârte pe orbită cu axa de rotație „culcată" în planul orbital, de fapt, îndreptată chiar puțin sub plan — o lume întoarsă cu susul în jos. Sateliții planetei au oferit prima dovadă a acestei înclinări neobișnuite. Aceștia se rotesc în jurul ecuatorului uranian și ne arată că polul lui nord e înclinat cu mai mult de 90 de grade. Inelele sunt poziționate în mod similar.

În consecință, polii nord și sud ai lui Uranus sunt îndreptați alternativ timp de jumătate din anul uranian (echivalent cu 84 de ani tereștri) fie către Soare, fie în direcție opusă acestuia. În timp ce Uranus se deplasează pe orbită, Soarele se mișcă din poziția centrală, îndepărtându-se de polul nord celest. Cineva aflat pe Uranus, în apropierea polului, rotindu-se o dată pe „zi" împreună cu gigantul de gheață („ziua" sa are 17,9 ore), va vedea Soarele mișcându-se în cercuri în jurul Polului Nord Celest. Pentru acea persoană ar fi mereu zi. Cercurile vor deveni treptat mai mari, coborând cu fiecare zi spre orizont, pentru ca în cele din urmă să coboare sub aceasta. La 21 de ani după mijlocul verii, Soarele nu se va mai ridica deasupra orizontului. Vor urma 42 de ani de iarnă — o perioadă de noapte la fel de lungă ca perioada anterioară de ziuă perpetuă, cu emisfera nordică permanent învăluită în întuneric și frig. În cele din urmă, Soarele se va ivi deasupra orizontului, iar vara va reveni. Observatorul aflat la polul nord al lui Uranus va avea parte din nou de lumină solară neîntreruptă.

Spre deosebire de acesta, un observator aflat la ecuator ar vedea zilnic o alternanță zi/noapte, fiecare de câte 8,5 ore. La mijlocul verii și la mijlocul iernii, Soarele nu se va ridica niciodată mult deasupra orizontului, rotindu-se în jurul polilor celești nord și, respectiv, sud. În schimb, primăvara și toamna, Soarele ar trece zilnic pe deasupra ipoteticului observator ecuatorial. Ca urmare a acestui ciclu, extremele anotimpurilor de pe Uranus sunt mult mai pronunțate decât ale noastre. Acest lucru ar putea avea legătură cu apariția sporadică a furtunilor de metan ale planetei, dar ciclul sezonier al lui Uranus este lung (84 de ani) și nimeni nu l-a studiat până acum ca să-și poată da seama cum funcționează.

Dar care a fost cauza care a făcut ca Uranus să se încline atât de mult? La fel ca în alte cazuri în care astronomii au fost nevoiți să explice unele caracteristici unice ale planetelor care au apărut cu mult timp în urmă, au fost propuse mai multe răspunsuri — adesea, secretele din viețile planetelor sunt bine ascunse. Un aspect care ar putea fi semnificativ este acela că sateliții principali și inelele interioare ale lui Uranus au orbitele în jurul ecuatorului planetei. Fenomenul care a înclinat orbita lui Uranus a provocat în același timp și înclinarea planelor orbitale ale sateliților.

Potrivit unei teorii, Uranus a avut cândva un satelit uriaș, aflat la mică distanță. Asta a făcut ca Uranus să oscileze mult în timpul mișcării de rotație. Până la urmă, mișcarea oscilatorie l-a înclinat într-o parte, deplasând totodată și orbitele sateliților. Apoi, când Uranus s-a întâlnit cu un alt corp din sistemul solar, satelitul uriaș a fost ejectat.

Totuși teoria cel mai larg acceptată pare să fie cea potrivit căreia, la finalul procesului de formare a lui Uranus, planeta a fost lovită oblic de un planetoid enorm, de dimensiunea Pământului sau chiar mai mare, care l-a răsturnat într-o parte înainte de a fi absorbit de planetă. Uranus ca întreg încă „își amintește" această ciocnire excentrică, iar înclinarea sa este o consecință a direcției de atac a planetoidului. Sateliții s-ar fi format parțial din rămășițele rezultate în urma ciocnirii. Câmpul magnetic neregulat ar putea fi rezultatul ciocnirii, poate ca urmare a unei structuri neobișnuite din interiorul planetei. O altă variantă a acestei teorii susține că Uranus a suferit două sau mai multe ciocniri succesive. Totuși niciuna dintre teorii nu a reușit să demonstreze pe deplin cum s-au întâmplat toate aceste lucruri care au lăsat sistemul lui Uranus în starea lui actuală.

Teoriile astronomice din jurul lui Uranus au ilustrat două moduri complet diferite de abordare a științei. Pe de o parte, astronomia s-a dezvoltat prin intermediul astrologiei, o pseudoștiință mistică, bazată pe numerologie ezoterică, un exemplu în acest sens fiind modul în care Kepler a căutat formule geometrice sau aritmetice pentru orbitele planetare. Pe de altă parte, dezvoltarea astronomiei s-a făcut și prin observații meticuloase și sistematice, cum ar fi examinarea cerului efectuată de Herschel. Discuția privind legea lui Bode se situează undeva între aceste două extreme, această „lege" nefiind confirmată încă. În mod similar, sistemul solar are două fețe. Pe de o parte, asemenea unui ceas de mare precizie, pare să fie perfect ordonat și să aibă un comportament complet previzibil. Pe de alta, este rezultatul întâmplării și haosului, evenimentele catastrofale conferind fiecărei planete caracteristici unice.

Viețile planetelor sunt un amestec de evenimente ordonate și accidentale. Viețile noastre constau din același amestec, nu doar de evenimente, ci și de gânduri ordonate și raționale, laolaltă cu speculații dezordonate și iraționale.

# Capitolul 15

## Neptun: inadaptata

* Clasificare științifică: *gigant de gheață.*
* Distanța față de Soare: *30,1 × distanța Pământ-Soare = 4 495 milioane de kilometri.*
* Perioadă orbitală: *165 de ani.*
* Diametru: *3,88 × diametrul Pământului = 49 528 km.*
* Perioadă de rotație: *19,1 zile.*
* Temperatură medie la partea de sus a norilor: *– 200 °C.*
* Nemulțumire secretă: *„Jupiter și Saturn s-au înhăitat ca să mă dea la o parte și m-au făcut să schimb locul cu Uranus".*

Neptun, o planetă nouă, a fost descoperită cu creionul pe hârtie. Poziția i-a fost determinată prin calcul de matematicianul francez Urbain Le Verrier. A fost găsită în locul așteptat, dar s-a dovedit a fi o inadaptată: din punct de vedere științific, Neptun se află într-un loc greșit, fiind aruncată acolo de haosul din sistemul solar.

Le Verrier a vrut să rezolve problema legată de devierea lui Uranus de la cursul său. După ce William Herschel a descoperit planeta, astronomii au putut să identifice câteva observații anterioare ale lui Uranus. Erau observații în care astronomii o văzuseră și o înregistraseră în cataloage și în tabelele stelare ca stea, nu ca planetă, deoarece telescoapele lor nu fuseseră îndeajuns de puternice. De-a lungul unei perioade de 81 de ani — între decembrie 1690 și decembrie 1771 —, au fost 24 de ocazii în care Uranus a fost văzută, înainte ca William Herschel s-o fi descoperit propriu-zis, dându-și seama că era o planetă. Până în anii 1820, poziția ei pe orbită în intervalul de 84 de ani cât îi ia să se învârtă o dată în jurul Soarelui a fost măsurată îndeajuns de bine pentru a se vedea că se abătea de la cursul ei normal, astfel că astronomii au început să se întrebe de ce. O ipoteză populară era că o planetă nevăzută până atunci îi devia traiectoria orbitală.

Doi matematicieni au fost atrași de calcularea locului în care s-ar putea afla planeta nevăzută. Aceștia au fost Urbain Le Verrier din Paris și John Couch Adams din Cambridge. Calculele lui Adams au fost corecte, dar tinerețea și modestia l-au făcut să fie umil când l-a abordat cu sfială pe morocănosul George Airy, astronomul regal de la acea vreme, ca să-i ceară ajutor în căutarea noii planete. Ca o scuză pentru Airy, trebuie să spunem că era cel mai vârstnic om de știință angajat de guvernul britanic în acea perioadă și era asaltat de tot felul de cereri, multe dintre ele neavând nicio legătură cu astronomia, cum ar fi investigarea motivelor pentru care nu știu ce pod se prăbușise. Airy i-a acordat o finanțare lui James Challis de la Cambridge, care a început să cerceteze subiectul fără prea mult entuziasm.

Challis și Adams au fost luați prin surprindere în 1846, când Le Verrier și-a trimis predicția privind poziția planetei nevăzute lui Johann Galle, astronom la Observatorul din Berlin. Galle, împreună cu asistentul său Heinrich D'Arrest, a început să caute chiar în noaptea zilei în care au primit scrisoarea, comparând unele hărți stelare noi cu aspectul regiunii din cer pe care o identificase Le Verrier. În mai puțin de 30 de minute, D'Arrest și Galle au identificat o stea care nu se afla pe hărți și, în noaptea următoare, au confirmat că, într-adevăr, era vorba de noua planetă, când au sesizat că aceasta se mișcase. Galle i-a scris lui Le Verrier următoarele rânduri: „*Monsieur*, planeta a cărei poziție ați indicat-o există cu adevărat". Le Verrier a răspuns: „Vă mulțumesc pentru celeritatea cu care ați aplicat instrucțiunile mele. Prin urmare, mulțumită dumneavoastră, ne aflăm în posesia unei noi planete".

Când Holst a compus *Planetele* între anii 1914 și 1916, Neptun se afla la limita exterioară a sistemului solar. Probabil că de aceea ultima mișcare a suitei, dedicată lui Neptun, se stinge lent, evocând spațiile infinite de dincolo de planetă. Acordurile finale, interpretate de un cor de femei dintr-o încăpere aflată în afara scenei, scad treptat în intensitate în timp ce ușa camerei se închide, măsura finală fiind repetată până când sunetul se stinge, lăsând impresia că se pierde în depărtare.

Cu toate că i-a fost luată poziția de planetă care marchează limita exterioară a sistemului solar, mai întâi în favoarea lui Pluto și apoi a obiectelor transneptuniene, Neptun rămâne totuși cea mai depărtată dintre cele patru planete-gigant. Împreună cu Uranus, formează perechea așa-numiților „giganți de gheață". Atmosfera sa — stratul exterior, pe care îl putem vedea — este compusă în principal din hidrogen și heliu. Are benzi climatice, asemenea lui Jupiter, și furtuni neașteptat de întinse, una dintre ele având dimensiunea Pământului și purtând numele de Marea Pată Întunecată. Această furtună este mai proeminentă decât furtunile de pe Uranus, cu toate că Uranus este mai aproape de Soare și, prin urmare, primește mai multă energie care să-i alimenteze fenomenele atmosferice. Deși Neptun este mai activă decât Uranus, asta nu înseamnă mare lucru — printr-un telescop normal ne apare ca un glob albastru-deschis, lipsit de trăsături distinctive. Nuanța sa de albastru este mai închisă decât a lui Uranus datorită cantității mai mari de metan din atmosferă (pentru că este mai rece). În mod ciudat, Neptun emite de peste două ori mai multă energie decât primește de la Soare. Excesul provine de la răcirea interiorului fierbinte al lui Neptun. Are patru inele, foarte subțiri și cu o structură neuniformă, alcătuite probabil din fragmente de asteroizi sau comete care au trecut prea aproape de planetă și au fost capturate și descompuse de forțele mareice. Neptun a fost vizitat o singură dată de o sondă spațială, în timpul zborului de survolare efectuat de *Voyager 2* în august 1989.

Frontiera marcată de Neptun înainte de descoperirea lui Pluto și a obiectelor transneptuniene nu este o frontieră unde se întâmplă des lucruri interesante. Pentru că planeta este departe de Soare și are o gravitație mică, lucrurile se mișcă lent. Atât de lent, încât Neptun nu s-ar fi putut forma în locul unde este acum. Deci ce s-a întâmplat?

Există o progresie a dimensiunilor planetelor odată cu depărtarea față de Soare — cele mai mici sunt în apropierea Soarelui, cele mai mari, în zona mai depărtată de el, iar masele planetare scad spre limita exterioară a sistemului solar. Această progresie își are probabil originea în densitatea nebuloasei solare. Se crede că nebuloasa care înconjura Soarele era împărțită în inele și că, în procesul de formare a planetelor, cu cât era mai mult material care orbita într-un inel, cu atât mai mare a fost masa planetei care s-a format inițial acolo. Desigur, după aceea au avut loc procese care au redus ori au crescut masa planetelor sau le-au dispus într-o altă ordine față de Soare. Dar care să fi fost punctul de pornire?

Nebuloasa solară este discul de gaz și praf din care s-au format toate planetele și care bineînțeles că acum a dispărut. Am putea să examinăm nebuloase similare aflate pe orbitele unor stele apropiate, care își formează propriile sisteme planetare, ca să avem indicii despre felul cum a început sistemul nostru solar. Dar această metodă nu ar fi practică, deoarece chiar și cele mai apropiate sisteme planetare în curs de formare sunt prea depărtate. O altă problemă este că astronomii pot detecta doar mase de gaz și praf și nu pot vedea distinct decât corpuri de dimensiunile planetelor sau mai mari. Nu pot detecta planetesimalele care se formează în interiorul nebuloaselor de acest tip. Întrucât sunt esența formării planetelor, tocmai studierea lor ar avea au o importanță crucială.

Drept urmare, astronomii au fost nevoiți să abordeze problema modului în care a început procesul analizându-i rezultatul final, anume sistemul nostru solar, și să pornească de acolo înapoi către originea lui. Știm că hidrogenul și heliul din nebuloasa solară au fost eliminate de pe multe planete, dar putem fi întru totul siguri că elementele grele din compoziția unei planete, cum ar fi fierul și siliciul, sunt acolo din perioada formării planetei. Prin urmare, ideea este să se ia componenta stâncoasă a fiecărei planete și să i se adauge hidrogen și heliu, astfel încât elementele chimice, luate împreună, să se potrivească cu compoziția chimică a Soarelui, pe baza presupunerii că această compoziție nu s-a schimbat mult față de cea originară. În continuare, astronomii distribuie masa fiecărei planete pe întinderea orbitei sale pentru a obține o hartă a densității de suprafață a nebuloasei solare. Apoi încearcă să calculeze modul în care o nebuloasă cu acea densitate ar forma planete.

Astronomii au constatat că această metodă, oricât de promițătoare părea să fie, nu a dat roade în simularea creării planetelor din sistemul nostru solar. Metoda dă densități de suprafață joase, cu masa nebuloasei solare prea împrăștiată pentru a forma îndeajuns de repede planetele-gigant. Potrivit acestei metode, pentru formarea lui Jupiter ar fi fost nevoie de milioane de ani, iar pentru Uranus și Neptun, de miliarde de ani, în vreme ce există indicii potrivit cărora, în realitate, procesul a durat câteva sute de mii de ani sau chiar mai puțin.

S-ar părea că n-a fost suficient timp pentru ca sistemul nostru solar să se dezvolte. Dacă planetele s-au format acolo unde sunt acum, ar dura prea mult pentru ca suficient material să se adune laolaltă și să formeze planete-gigant. Mai mult, cu cât mai lung e timpul în care hidrogenul și heliul rămân în preajmă, cu atât crește cantitatea din cele două gaze care se disipează în spațiu. Formarea planetelor-gigant nu numai că ar încetini, dar nu s-ar încheia niciodată.

În loc să renunțe la această abordare, astronomii au căutat posibile modificări care ar putea fi aduse teoriei pentru ca ea să dea rezultate. O modificare posibilă ar consta în observarea faptului că, dacă planetele s-ar fi format la aproximativ jumătatea distanțelor la care se află acum față de Soare, nebuloasa solară s-ar fi comprimat la jumătate din arie, crescându-i corespunzător densitatea, iar astfel crearea planetesimalelor ar fi început de la o densitate mai mare, ceea ce ar fi accelerat formarea planetelor mari.

Toate acestea sugerează că planetele exterioare trebuie să se fi format undeva mult mai aproape de Soare, după care s-au îndepărtat de acesta. Sistemul solar s-a mărit prin interacțiunea reciprocă dintre planete. Aceasta este esența Simulării de la Nisa.

Dar există un detaliu lămuritor cu privire la Neptun. La limitele îndepărtate ale nebuloasei solare a existat o scădere lină a densității de suprafață în funcție de distanța față de Soare, care a avut ca rezultat o progresie lină a maselor planetare — Jupiter are de 320 de ori masa Pământului, iar Saturn, de 95 de ori masa lui. Apoi progresia se poticnește, lăsând să apară ceva neașteptat. Uranus are de 14 ori masa Pământului, în vreme ce Neptun are masa de 17 ori mai mare. Neptun ar trebui să fie mai aproape de Soare decât Uranus. În baza acestui argument, Uranus ar trebui să fie frontiera sistemului solar, nu Neptun. Cu alte cuvinte, Neptun se află într-un loc greșit.

Pentru ca teoria formării planetelor să fie funcțională, cele două planete exterioare trebuie schimbate între ele. În mod uimitor, acest lucru se întâmplă în Simularea de la Nisa. Să ne amintim că simularea începe cu o varietate de situații inițiale posibile, ce diferă între ele prin numărul și pozițiile planetelor, care apoi sunt prelucrate pentru a vedea ce se întâmplă. Rezultatele sunt comparate. Apoi atenția cercetătorilor se concentrează asupra soluțiilor care se potrivesc cel mai bine cu sistemul solar real. O caracteristică a soluțiilor care se potrivesc este că, în jumătate dintre ele, Uranus și Neptun își schimbă între ele pozițiile. Acest lucru se întâmplă ca urmare a intrării în rezonanță a lui Jupiter și Saturn, perioada orbitală a uneia fiind exact dublul perioadei orbitale a celeilalte. Atracția combinată a celor mai mari două planete a schimbat locurile ocupate de Uranus și Neptun.

Pe scurt, inițial Jupiter s-a deplasat spre interior, dar a sfârșit prin a se mișca spre exterior. Saturn, Uranus și Neptun s-au mișcat și ele spre exterior, dar, înainte de a se stabiliza pe actuala orbită aproape circulară, Neptun se mișca pe o orbită excentrică, în care acoperea o mare parte a sistemului solar. Intersecta orbitele celorlalte planete, ca un om care traversează strada prin locuri nepermise. A avut un efect puternic asupra corpurilor mici din sistemul solar, adică fragmentele care nu fuseseră înghițite de planetele mai mari și care se mișcau împreună cu acestea ca asteroizi. Tot acest haos a avut ca efect aruncarea spre interior a multor asteroizi, trimițându-i pe unii dintre aceștia pe traiectorii de pe care au fost capturați ca sateliți de unele dintre planete, la fel cum, probabil, Phobos și Deimos au devenit sateliți ai lui Marte (Capitolul 7). Unii asteroizi au rămas prizonieri în spațiul din apropierea lui Ceres, între orbitele lui Marte și Jupiter (Capitolul 8). Alți asteroizi au fost aruncați spre marginea exterioară a sistemului solar (Capitolul 16). În sfârșit, au fost și unii azvârliți în singurătatea spațiului interstelar.

Aceasta a fost probabil cea mai turbulentă perioadă din viețile planetelor. În orice caz, rezultatul ne-a fost favorabil. Asteroizii care împânziseră sistemul solar au fost măturați și ținuți sub control, ca și cum cineva ar fi făcut curățenie în sistemul solar, eliminând în mare măsură riscul ca Pământul să fie bombardat în viitor. Desigur, nu am scăpat cu totul de pericolul reprezentat de corpurile rătăcite, așa încât asteroizii continuă să afecteze evoluția vieții pe Pământ, așa cum impactul de la Chicxulub a provocat dispariția dinozaurilor. Dar impacturile sunt ocazionale, nu constituie un bombardament susținut și letal. Ca specie, supraviețuim.

# Capitolul 16

## Pluto: outsiderul care a venit din frig

* Clasificare științifică: *planetă pitică.*
* Distanța față de Soare: *39,5 × distanța Pământ-Soare = 5 906,4 milioane de kilometri.*
* Perioadă orbitală: *248 de ani.*
* Diametru: *0,186 × diametrul Pământului = 2 370 km.*
* Perioada de rotație: *6,4 zile.*
* Temperatura medie la partea de sus a norilor: *– 225 °C.*
* Reflecție secretă: *„Am fost descoperită ca planetă și au fost mulțumiți de mine în calitatea asta timp de 70 de ani (exceptând câțiva nemulțumiți). Nu mă mai vor ca planetă, dar eu sunt fericită acum să fiu în fruntea unui grup nou".*

Pluto a fost cândva clasificată ca a noua planetă, care se rotește în jurul Soarelui pe o orbită doar cu puțin mai mare decât cea a lui Neptun. În mod cert, are o orbită circumsolară și este suficient de mare, dar, după ce a zăbovit o vreme la periferia bandei de planete care fac legea în sistemul solar, s-a dovedit a nu fi îndeajuns de dominantă și a fost ostracizată în mulțimea mai puțin influentă a planetelor mici. Seamănă mai mult cu mulțimea de actori mărunți cunoscută sub denumirea de obiecte transneptuniene, decât cu cele opt planete.

Căderea în dizgrație a retrogradat-o de curând la statutul de „planetă pitică". Pluto se află la marginea sistemului solar, fiind literalmente un outsider, iar schimbarea de statut a ostracizat-o și mai mult, unii protestând față de această umilință suplimentară. S-a dovedit totuși că Pluto aparține unuia dintre cele mai importante grupuri de lumi din sistemul nostru solar.

Pluto a fost descoperită după o cercetare menită să găsească planeta aflată dincolo de Neptun. La rândul său, Neptun a fost descoperită în timp ce se verifica supoziția că o planetă nevăzută o devia pe Uranus de la cursul său, iar la sfârșitul secolului al XIX-lea Neptun însăși a fost suspectată în mod similar că se abate de la cursul său. Poate că o a noua planetă se afla pe o orbită exterioară orbitei neptuniene, o așa-numită Planetă X. Un om de afaceri din Boston, Percival Lowell, care a înființat un observator în Flagstaff, statul Arizona, a preluat cercetările și a fotografiat în mod repetat cerul în căutarea acestei planete.

Lowell nu a găsit nicio Planetă X până la moartea sa survenită în 1916. Dar cercetările lui au fost preluate în cele din urmă de Clyde Tombaugh, un tânăr astronom amator angajat să continue observațiile. În 1930, la vârsta de 24 de ani, Tombaugh a descoperit Planeta X, ulterior denumită Pluto. Găsită în urma căutării unei planete, în mod firesc, Pluto a fost catalogată la acea dată ca planetă.

Asemenea lui Neptun, Pluto a fost descoperită în apropierea locului în care se prezisese că s-ar afla. Discrepanțele orbitei lui Neptun s-au dovedit a fi fost exagerate, iar Pluto nu este foarte masivă (masa i-a fost determinată abia în anii 1980) și nu ar fi putut să le cauzeze, așa încât predicțiile nu avuseseră nicio noimă. Lowell și Tombaugh au căutat în locul potrivit printr-un noroc. Căutarea a dat roade, dar fructul găsit a fost cu totul diferit de cel căutat.

Deși Pluto a fost aclamată ca Planeta X, unele ciudățenii au făcut ca aceasta să nu se potrivească în mod real cu celelalte planete ale sistemului solar. Era neobișnuit de mică, având jumătate din diametrul lui Mercur. Are într-adevăr cinci sateliți, unul dintre ei, Charon, având o mărime comparabilă cu Pluto și fiind vizibil cu ajutorul telescoapelor de pe Pământ, dar ceilalți sunt mici și pot fi deslușiți de la distanță doar de telescopul spațial Hubble. Dar noi știm acum că multe dintre corpurile mai mici ale sistemului solar au sateliți și că această proprietate nu are o semnificație deosebită.

Chiar și înainte ca aceste aspecte să fie descoperite, când despre Pluto se cunoștea în principal orbita sa, era considerată întru câtva un outsider printre planete. Se rotește în jurul Soarelui pe o orbită foarte excentrică — trece prin interiorul orbitei neptuniene o parte din timp. De asemenea, orbita sa este înclinată la un unghi surprinzător de mare față de planul orbital al tuturor celorlalte planete. Aceste diferențe supărătoare dintre Pluto și restul planetelor au fost lăsate deoparte și, la fel cum s-a întâmplat succesiv cu Saturn, Uranus și Neptun în istoria astronomiei, și-a găsit locul în manuale ca planeta cea mai îndepărtată din sistemul solar, un outsider atât în sens propriu, cât și în sens metaforic.

În 2015, în cadrul unei misiuni de mare succes, sonda spațială *New Horizons* a inspectat Pluto într-un zbor de survolare la mică distanță, după o călătorie care a durat zece ani. Pluto este rece, cu o temperatură medie de –230 °C. Are un relief neregulat, plin de cratere, cu munți de apă înghețată și câmpii înghețate de azot, metan și monoxid de carbon. Munții au înălțimi de ordinul kilometrilor. Peisajul este similar cu unele regiuni accidentate din Antarctica. Sub un cer negru, luminat de stele, pătura de gheață scânteiază în ceea ce seamănă cu o lumină selenară puternică: pe Pluto, lumina Soarelui este diminuată până la intensitatea luminii proiectate pe Pământ de Luna plină.

Charon, cel mai mare dintre sateliții lui Pluto, este imens pe cerul planetei. Văzut de un observator ipotetic de pe suprafața plutoniană, satelitul ar avea un diametru angular de 4 grade — adică de opt ori diametrul Lunii noastre. Dar, întrucât Soarele este atât de depărtat de Pluto în comparație cu Pământul, satelitul are doar câteva procente din strălucirea Lunii, dacă am compara felul cum arată „Charon plin" de pe Pluto cu Luna plină văzută de pe Pământ, comparația păstrându-se și pentru celelalte faze.

Pluto are o atmosferă rarefiată. Când l-a părăsit pe Pluto, sonda *New Horizons* și-a îndreptat obiectivul spre atmosfera sa luminată din spate de Soare și a putut vedea o ceață albastră stratificată, ca un smog, extinzându-se la 200 de kilometri deasupra suprafeței. Atmosfera este compusă din azot și metan, alături de alte molecule, iar acțiunea luminii solare asupra acestor gaze produce un amestec de hidrocarburi precum acetilena și etilena. Aceste substanțe se acumulează în particule mici, care cauzează smogul.

Pe Pluto există o câmpie remarcabilă numită Sputnik Planitia, cu un diametru de aproape 1 500 de kilometri. Este alcătuită din azot și dioxid de carbon înghețate. Pare a fi un bazin de impact, adânc de 3 kilometri, produs în urma ciocnirii cu un meteorit mare și care apoi a fost umplut cu diferite tipuri de gheață. Suprafața sa este divizată în celule poligonale. Se crede că ar fi celule de convecție, cu ajutorul cărora gheața din adâncuri este topită, scoasă la suprafață și împrăștiată în jur. Se crede că celulele sunt alimentate de dedesubt de o sursă de energie creată probabil de impactul inițial cu meteoritul. Sputnik Planitia seamănă cu bazinele umplute cu lavă de pe Lună (acele *maria* cenușii), dar suprafața ei este alcătuită din gheață, nu din rocă bazaltică. Ghețarii se topesc și se scurg în Sputnik Planitia, ei fiind alcătuiți nu din apă, ci din azot înghețat.

Pluto are multe cratere de meteoriți — au fost localizate o mie doar pe partea planetei care a fost survolată. Dar pe suprafața lui Sputnik Planitia nu se vede niciun crater, deci impactul care l-a creat a fost recent — o catastrofă care a avut loc cu puține milioane de ani în urmă. La marginea vestică, acolo unde gheața se întinde până în apropierea munților, se află un câmp de dune, dar nu de nisip, ci de particule de metan înghețat. Aceste particule au fost suflate și aglomerate sub forma dunelor de vântul asociat cu munții învecinați. Pentru oamenii de știință a fost o surpriză să constate că fulgii de zăpadă de metan au putut fi antrenați de vânt pe Pluto, dat fiind că atmosfera sa este atât de rarefiată, iar Pluto se află atât de departe de Soare, încât căldura disponibilă pentru a genera mișcări în atmosferă este minimă. Totuși, după ce s-au efectuat calculele, acestea au arătat că surpriza s-a bazat pe lipsa de imaginație cu privire la condițiile din alte lumi — deci nu fusese descoperit un fenomen nou.

În 1992, David Jewitt și doctoranda sa Jane Luu au descoperit prima dintre cele peste o mie de planete mici situate în afara orbitei lui Neptun. Acestea poartă numele descriptiv, dar neinteresant de „obiecte transneptuniene"(OTN). Există probabil câteva sute de mii de asemenea obiecte cu diametrul mai mare de 100 de kilometri. Unele dintre ele sunt la fel de mari sau chiar mai mari decât Pluto. Cele mai multe ocupă o zonă numită Centura Kuiper, la limita exterioară a sistemului nostru planetar, unde lumina Soarelui este foarte slabă. OTN-urile se află la mare depărtare de Pământ și cele mai multe sunt mici; sunt destul de întunecate și dificil de văzut, așa că se ascund cu succes de noi.

OTN-urile au fost create în principal în regiunea în care se află acum, iar unele au fost ejectate în Centura Kuiper de la o distanță mai mică de Soare, poate din cauza rezonanței dintre Jupiter și Saturn, așa cum a fost ea descrisă de Simularea de la Nisa. Cercetătorii cred că OTN-urile sunt, în mare parte, planetesimale care au supraviețuit neschimbate din perioada de început a sistemului solar. Unele dintre ele s-au dovedit a fi de dimensiuni considerabile, comparabile cu Pluto. Multe dintre OTN-uri au fost descoperite cu ajutorul telescoapelor din Hawaii și au primit denumiri din cultura hawaiiană. Haumea și Makemake sunt două dintre cele mai mari.

Ultima Thule este unul dintre OTN-urile mici, cu o luminozitate slabă. A fost descoperit de telescopul spațial

Hubble cu ocazia cercetării sistematice a unei regiuni a sistemului solar, anume regiunea prin care sonda *New Horizons* urma să zboare după ce o va fi lăsat în urmă pe Pluto. Căutarea efectuată de Hubble urmărea să ofere o țintă din Centura Kuiper, pe care s-o investigheze sonda spațială. A găsit trei astfel de ținte, iar Ultima Thule a fost OTN-ul ales pentru a fi studiat.

Ultima Thule are o orbită cu o perioadă de 298 de ani și se află foarte departe de Soare: la o distanță de 44,5 ori mai mare decât distanța dintre Pământ și Soare. Denumirea Ultima Thule a primit-o în urma unei competiții publice. Numele se referă la legendara insulă Thule, despre care vikingii spuneau că s-ar afla la nord de Britania. În epoca medievală, se credea că insula Thule era ținutul cel mai nordic și de aceea era descris drept *ultima* („cel mai depărtat"). Dar Ultima Thule nu este de fapt cel mai depărtat OTN. La sfârșitul lui 2018, a fost descoperit un OTN cu diametrul de circa 500 de kilometri, situat actualmente la o distanță de circa 125 de ori mai mare decât distanța dintre Pământ și Soare — deci de trei ori mai departe decât Ultima Thule. Noul OTN are o poreclă, care încă n-a fost acceptată în mod oficial: Farout. În curând, vom epuiza denumirile descriptive pentru aceste obiecte îndepărtate, căci astronomii găsesc tot mai multe, situate la distanțe tot mai mari.

Sonda spațială *New Horizons* a vizitat Ultima Thule în prima zi a lui 2019 și a reieșit că acest OTN are forma a doi lobi lipiți, din unele unghiuri semănând destul de mult cu un om de zăpadă. Are o lungime totală de 33 de kilometri. Lobii au forme neregulate și sunt acoperiți de gheață, cu găuri care ar putea fi cratere, dar care se poate la fel de bine să fi fost excavate de scăpările de gaze. Neregularitățile vizibile pe Ultima Thule provin de la planetesimalele mai mici care s-au contopit pentru a forma fiecare lob separat, după care cei doi lobi s-au ciocnit ușor și au fuzionat. Aceste două părți ale lui Ultima Thule sunt printre cele mai primitive din sistemul solar, fiind create cu 4 miliarde de ani în urmă (sau chiar mai mult) și de atunci au rămas neschimbate, exceptând coliziunea.

Dacă Ultima Thule ar fi fost mult mai mare, poate de zece până la o sută de ori mai mare decât în prezent, gravitația sa și căldura generată de radioactivitatea din interior l-ar fi făcut să se diferențieze în straturi și să se aranjeze într-o formă sferică. Așa s-a întâmplat cu Pluto. În schimb, forma lui Ultima Thule amintește încă de viața anterioară a OTN-ului.

Datorită informațiilor noi aduse de toate aceste descoperiri din Centura Kuiper, statutul lui Pluto devine mai clar. Nu mai are statut de unicat în sistemul solar: există și alte obiecte care îi seamănă, pe orbite similare, înclinate și excentrice, în apropiere și dincolo de Neptun. În realitate, Pluto nu este o planetă, ci un OTN.

Afirmația potrivit căreia Pluto nu este o planetă a provocat o dezbatere publică aprinsă în primii ani ai noului mileniu. Nu e ușor de explicat de ce opinia publică, îndeosebi cea din SUA, a devenit atât de preocupată de acest subiect științific. Este clar însă că trebuie să fi existat motive emoționale. Pluto era singura planetă care fusese descoperită de un american — acesta să fi fost motivul? Sau explicația să fi fost că acum, când mitologia greacă este mai puțin proeminentă, numele Pluto este chiar simpatic, el fiind atribuit și unui cățel din desenele animate de la Disney, animalul de companie al lui Mickey Mouse. (Câinele din familia Disney a primit numele planetei la scurt timp după descoperirea acesteia.)

Așa cum este practicată în mod normal știința, problema legată de natura lui Pluto nu ar fi fost decisă cu o ocazie anume, cum ar fi o moțiune înaintată în parlament. La fel ca în cazul asteroizilor, problema ar fi fost discutată de astronomi în mai multe ocazii, iar subtilitățile ar fi fost lămurite una câte una. Astronomii cei mai preocupați de problemă ar fi exprimat diferite opinii, așa cum au făcut Herschel, Piazzi și Bode cu privire la asteroizi (vezi Capitolul 8). Ceilalți astronomi ar fi urmat argumentul pe care l-ar fi găsit cel mai convingător. Unii dintre ei ar fi sintetizat problema în prelegeri, articole sau manuale. Treptat, s-ar fi ajuns la consens. Dar în controversa legată de Pluto nu s-a întâmplat așa. Disputa a căpătat un caracter politic și a ajuns până la Uniunea Astronomică Internațională (UAI), care a ajuns la un acord într-o manieră neuzuală în știință.

UAI este o organizație care strânge laolaltă astronomii lumii pentru a-și coordona mai bine activitatea. Adoptă convenții de numire pentru a oferi criterii comune de catalogare a obiectelor celeste, astfel încât să se faciliteze corelarea datelor diferite de către oamenii de știință. Etichetarea obiectelor astronomice este importantă pentru UAI, astfel încât să-și poată alcătui listele.

UAI se întrunește o dată la câțiva ani într-o adunare generală, în care sunt discutate ultimele chestiuni apărute în astronomie. La adunarea din august 2006, organizată la Praga, s-a discutat mult despre problema lui Pluto.

După multe discuții preliminare, în ultima zi a adunării a fost supusă votului o propunere care să rezolve această problemă. A fost adoptată cu o largă majoritate.

Propunerea adoptată de UAI conținea o listă de proprietăți care definesc o planetă. S-a spus că o planetă este un corp ceresc care se rotește pe orbită în jurul Soarelui și este suficient de mare pentru a căpăta o formă aproape sferică (spre deosebire de comete sau de aproape toți asteroizii, Ceres fiind excepția notabilă — vezi Capitolul 8). Pentru această parte a definiției unei planete, mărimea contează, iar planetele ar trebui să aibă un diametru mai mare de circa 400 de kilometri, poate considerabil mai mare, în funcție compoziția sa — rocă sau gheață. O altă parte a definiției unei planete, potrivit UAI, impune ca aceasta să fie un obiect ceresc suficient de mare încât să determine toate celelalte obiecte (cu excepția sateliților pe care i-ar putea avea) ca în cele din urmă să îl lase singur pe orbită, fie absorbind obiectele străine, fie proiectându-le în spațiu.

M-am numărat printre participanții care au votat pentru aprobarea propunerii. Deși am avut rezerve cu privire la proces, m-a motivat dorința de a vedea sfârșindu-se această controversă. Procesul se prelungise prea mult și avea unele aspecte de nerezolvat. Dar problema trebuia soluționată și lăsată deoparte — pentru că ne făcea pe noi, astronomii, să părem caraghioși, asemenea teologilor medievali care se certau cu privire la ierarhiile îngerilor.

Definiția UAI pentru „planetă" combină trei criterii separate, fiecare de o natură diferită. Primul criteriu, legat de orbita planetei, este ceea ce, de la Copernic încoace, toată lumea consideră proprietatea principală a unei planete. Al doilea criteriu se referă la structura planetei — o planetă este suficient de mare ca să se stabilizeze într-o formă sferică și să-și echilibreze structura internă sub acțiunea propriei gravitații. Și în această privință există consens, astronomii fiind de acord că planetele trebuie să aibă o formă aproximativ sferică. Ei bine, Pluto trece aceste două teste.

Dar ultimul criteriu impune ca la finalul nașterii sale, planeta „să-și fi făcut curățenie în vecinătatea" propriei zone orbitale, fie absorbind, fie ejectând alte corpuri de dimensiuni comparabile (în afară de sateliții proprii). Pluto nu a făcut acest lucru, deoarece se rotește pe orbită în compania altor OTN-uri. În concluzie, Pluto nu este o planetă.

Dar, dacă Pluto nu este o planetă, atunci ce este? UAI a definit o a doua categorie a corpurilor din sistemul solar, și anume „planetele pitice":

> O „planetă pitică" este un corp ceresc care (a) se află pe orbită în jurul Soarelui, (b) are o masă suficientă pentru ca autogravitația să învingă forțele corpului rigid, astfel încât să ajungă la o formă de echilibru electrostatic (rotunjită), (c) nu și-a făcut curățenie în vecinătatea orbitei și (d) nu este un satelit.

UAI a luat act de faptul că, potrivit acestor criterii, Pluto este o „planetă pitică", asemenea asteroidului Ceres (Capitolul 8). Pluto a fost retrogradat de la statutul de „planetă" la cel de „planetă pitică". Totuși, dacă mândria i-a fost rănită, se poate consola cu faptul că se află — ca exemplu tipic — în fruntea grupului de planete pitice din sistemul solar, printre acestea numărându-se Ceres, Haumea, Eris și Makemake. Dar există multe OTN-uri care sunt probabil planete pitice și s-ar putea să existe multe alte planete pitice de dimensiuni considerabile, rămase nedescoperite în depărtările întunecate ale sistemului solar.

Poate că, într-un sens, Pluto a fost retrogradată, dar nu mai este considerată un outsider, nici în sens propriu, nici în sens metaforic. Poate că se află la marginea sistemului solar, poate că este înghețată la propriu și multe detalii ale biografiei sale poate că ne sunt încă necunoscute. Dar face parte dintr-un grup important de obiecte ale sistemului solar care dețin cheia nașterii planetelor. Ne-am dat seama ce este de fapt Pluto și am aflat câteva secrete ale vieții sale. A venit din frig și l-am primit cu brațele deschise.

# Sistemul solar în câteva cuvinte

## SOARELE

**Soarele** este steaua din centrul sistemului solar. Este de departe cel mai mare corp din sistemul solar, iar toate celelalte corpuri se rotesc în jurul său, deși un pic mai exact ar fi să spunem că toate, inclusiv Soarele, se rotesc în jurul centrului de masă comun. Soarele își generează propria energie, în vreme ce toate celelalte corpuri din sistemul solar radiază lumină solară reflectată, amplificată puțin de energia radiată datorită căldurii lor interne.

## PLANETELE

**Planetele** sunt corpuri de mari dimensiuni — solide, lichide și/sau gazoase — care se rotesc în jurul Soarelui. Pentru că au mase mari, s-au stabilizat într-o formă aproape sferică, clădită strat cu strat, fiecare dintre straturi susținând greutatea celor de deasupra. De asemenea, au adunat tot materialul aflat în apropierea orbitelor lor în momentul formării sistemului solar, absorbindu-l, cu excepția corpurilor numite **sateliți**, care se rotesc în jurul planetelor. Planetele sunt Mercur, Venus, Pământ, Marte, Jupiter, Saturn, Uranus și Neptun. Primele patru au o suprafață stâncoasă și sunt numite planete terestre (sau telurice), iar ultimele patru au o anvelopă gazoasă extinsă și sunt numite **giganți gazoși**, ultimele două fiind numite uneori și **giganți de gheață**.

## PLANETE PITICE

Planetele care se rotesc pe orbite în jurul Soarelui și sunt sferice, dar împart o zonă orbitală cu alte corpuri similare, sunt numite **planete pitice.** Printre acestea se numără Ceres (care are orbita între Marte și Jupiter), Pluto, Haumea, Makemake și Eris, cu orbite la marginea exterioară a sistemului solar. Există circa o sută de posibile planete pitice în sistemul solar, dar s-ar putea să mai fie alte câteva sute, nedescoperite încă.

Toate corpurile care se rotesc în jurul Soarelui și nu sunt planete, planete pitice sau sateliți sunt numite **corpuri mici din sistemul solar**. Această categorie include:

## ASTEROIZI

Corpurile cerești care, în cea mai mare parte, se află pe orbite între Marte și Jupiter în așa-numita **centură de asteroizi**, se numesc **asteroizi**. Unii dintre ei au orbitele în alte părți ale sistemului solar. Toți sunt stâncoși. Unul este sferic, Ceres, dar ceilalți au forme foarte neregulate și o structură stabilă, dar fără straturile tipice planetelor.

## METEOROIZI

**Meteoroizii** sunt roci sau particule de praf, foarte asemănători cu asteroizii, dar mai mici.

## METEORI

**Meteorii** sunt meteoroizi care sunt pe cale să cadă pe o planetă, un asteroid sau un satelit, posibil arzând în atmosferă, așa cum se întâmplă cu meteorii pe care-i vedem trecând ca niște fulgere pe cerul nopții pe Pământ.

## METEORIȚI

**Meteoriții** sunt meteoroizi care au căzut pe suprafața unei planete, ca, de exemplu, pe Pământ.

## OBIECTE TRANSNEPTUNIENE

**Obiectele transneptuniene** (OTN) sunt corpuri aflate pe orbite dincolo de Neptun, în **Centura Kuiper**, între acestea numărându-se Pluto și toate planetele pitice, în afară de Ceres.

## COMETE

**Cometele** sunt corpuri mici din sistemul solar compuse din roci și gheață, cu orbite situate oriunde în sistemul solar și care, când se apropie de căldura Soarelui, emit vapori și praf sub forma unui nor cețos și a unei cozi.

# Cronologie

**6 000–9 000 î.e.n.** Osul de la Ishago este gravat cu fazele lunare.

**500 î.e.n.** Pitagora arată că cele două manifestări ale lui Venus sunt o singură planetă.

**1543** Nicolaus Copernic își publică teoria heliocentrică, potrivit căreia Soarele se află în centrul sistemului planetar.

**1609–1619** Johannes Kepler descoperă proprietățile matematice ale orbitelor planetelor.

**1610–1616** Galileo Galilei își îndreaptă prima oară telescopul spre cer și, printre altele, descoperă fazele lui Venus, sateliții lui Jupiter și inelele lui Saturn.

**1616** Christiaan Huygens descoperă că înfățișarea schimbătoare a lui Saturn este provocată de inelele sale.

**1665** Giovanni Cassini descoperă Marea Pată Roșie a lui Jupiter.

**1666** Giovanni Cassini descoperă calotele polare ale lui Marte.

**1675** Giovanni Cassini descoperă structura internă a inelelor lui Saturn.

**1686** Este publicată cartea lui Bernard de Fontenelle, *Conversații asupra pluralității lumilor.*

**1687** Isaac Newton formulează teoria gravitației și explică mișcarea planetelor.

**1766** Johann Daniel Titius introduce în manualul său formularea legii Titius-Bode.

**1772** Johann Elert Bode publică legea Titius-Bode.

**1774** Nevil Maskelyne cântărește Pământul la Scheihallion.

**1781** William Herschel descoperă planeta Uranus, împreună cu sora lui, Caroline.

**1796** Pierre Simon Laplace demonstrează că sistemul solar este stabil.

**1801** Giuseppe Piazzi descoperă primul asteroid, Ceres.

**1802** Wilhelm Olbers descoperă asteroidul Pallas.

**1802** William Paley aseamănă construcția sistemului planetar cu un ceas.

**1804** Karl Ludwig Harding descoperă asteroidul Juno.

**1807** Wilhelm Olbers descoperă încă un asteroid, Vesta.

**1815** Meteoritul marțian Chassigny cade pe Pământ.

**1827** Joseph Fourier descoperă efectul de seră în atmosfera terestră.

**1840** Wilhelm Beer și Johann von Mädler realizează prima hartă a lui Marte.

**1846** Urbain Le Verrier prezice poziția lui Neptun.

**1846** Johann Galle și Heinrich D'Arrest descoperă planeta Neptun.

**1848** Edouard Roche demonstrează cum forțele mareice pot perturba un satelit apropiat de o planetă.

**1859** Charles Darwin își prezintă teoria evoluției prin selecție naturală.

**1859** Urbain Le Verrier inițiază căutarea lui Vulcan.

**1860** Emmanuel Liais sugerează că marcajele de pe Marte sunt zone acoperite de vegetație.

**1865** Meteoritul marțian Shergotty cade pe Pământ.

**1877** Asaph Hall descoperă că Marte are doi sateliți, Phobos și Deimos.

**1877** Giovanni Schiaparelli cartografiază planeta Marte și susține că a identificat pe suprafața ei canale artificiale.

**1887** Henri Poincaré studiază Problema celor trei corpuri și descoperă haosul.

**1984** Percival Lowell înființează Observatorul de la Flagstaff ca să monitorizeze planeta Marte și să descopere Planeta X.

**1896** H.G. Wells scrie *Războiul lumilor.*

**1909** Eugenios Antoniadi demonstrează că așa-numitele canale marțiene sunt iluzorii.

**1911** Meteoritul marțian Nakhla cade pe Pământ.

**1913** Milutin Milankovici calculează variațiile ciclice ale orbitei și climei terestre.

**1915** Albert Einstein descoperă relativitatea generală.

**1930** Clyde Tombaugh descoperă Planeta X, redenumită ulterior Pluto.

**1935** Eugene Wigner și Hillard Bell Huntington prezic existența hidrogenului metalic.

**1936** Inge Lehman descoperă structura nucleului terestru.

**1956** Cornell H. Mayer măsoară temperatura ridicată a lui Venus.

**1961** Carl Sagan explică temperatura ridicată a lui Venus ca fiind consecința efectului de seră.

**1962** *Mariner 2* devine primul vizitator spațial al lui Venus.

**1963** Edward Lorenz descoperă haosul în prognozele meteorologice.

**1965** *Mariner 4* este prima sondă care vizitează cu succes Marte.

**1969–1972** Astronauții din programul spațial *Apollo* aselenizează.

**1970–1976** Sondele *Luna 16, 20* și *24* aduc pe Pământ mostre de sol lunar.

**1970–1983** Sunt realizate sondele *Venera* cu destinația Venus, *Venera 7* fiind prima sondă spațială care a coborât pe suprafața unei alte planete.

**1971** *Mariner 9* este prima astronavă care intră pe orbita unei alte planete, Marte.

**1974–1975** *Mariner 10* ajunge la Venus și apoi la Mercur.

**1975–1976** Sondele *Viking* asolizează pe Marte.

**1977** Observatorul Aeropurtat Kuiper descoperă inelele lui Uranus.

**1978** Glen Penfield descoperă craterul Chicxulub.

**1979** Linda Morabito descoperă vulcani pe Io.

**1979** Saturn și sateliții săi sunt explorați de *Pioneer 11*.

**1979** *Voyager 1* și *2* survolează Jupiter.

**1980–1981** Sonda spațială *Voyager* explorează planeta Saturn și sateliții acesteia.

**1986** *Voyager 2* vizitează Uranus.

**1986** *Voyager 2* vizitează Neptun.

**1990** Mark Showalter descoperă satelitul lui Saturn, Pan.

**1990–1994** Misiunea *Magellan* către Venus.

**1992** Dave Jewitt și Jane Luu descoperă primul obiect transneptunian după Pluto.

**1994** Cometa Shoemaker-Levy 9 plonjează în atmosfera lui Jupiter.

**1995** *Galileo* devine prima sondă spațială care intră pe orbită în jurul lui Jupiter.

**2000** *NEAR Shoemaker* intră pe orbită în jurul lui Eros, pe care asolizează în 2001.

**2003** *Beagle 2* este transportat pe Marte de *Mars Express*.

**2004** Sonda spațială *Cassini-Huygens* explorează planeta Saturn.

**2004** Sonda *Huygens* este parașutată pe cel mai mare satelit saturnian, Titan.

**2005** Alessandro Morbidelli și colaboratorii săi publică Simularea de la Nisa.

**2005** *Cassini* descoperă gheizere pe Enceladus.

**2005** Sonda *Hayabusa* studiază Itokawa.

**2006** UAI adoptă definiția modernă a planetei.

**2009–2018** Sonda *Lunar Reconnaissance Orbiter* explorează Luna.

**2011–2012** Sonda spațială *Dawn* intră pe orbită în jurul lui Vesta.

**2011–2015** *Messenger* intră pe orbită în jurul lui Venus.

**2013** Misiunea spațială *Chang'e* duce pe Lună landerul *Yutu*.

**2015** *New Horizons* explorează Pluto.

**2015** Sonda *Dawn* intră pe orbită în jurul lui Ceres.

**2016** *Juno* intră pe orbită în jurul lui Jupiter.

**2016** Sonda *OSIRIS-Rex* este lansată către asteroidul Bennu.

**2018** Este lansat *BepiColombo*.

**2018** Sonda *Hayabusa 2* studiază asteroidul Ryugu.

**2019** *New Horizons* survolează Ultima Thule.

## Credite fotografice

1. Caloris Planitia: © NASA/Johns Hopkins University Applied Physics Laboratory/Carnegie Institution of Washington
2. Venus: ©NASA/JPL
3. Pământ: ©NASA/JSC/Apollo 17
4. Marte: ©ESA/DLR/FU Berlin
5. Dune de nisip pe Marte: ©NASA/JPL/University of Arizona
6. Phobos: ©NASA/JPL-Caltech/University of Arizona
7. Ceres: ©NASA/JPL-Caltech/UCLA/MPS/DLR/IDA
8. Jupiter: ©NASA/JPL-Caltech/SwRI/MSSS/ Gerald Eichstädt /Seán Doran
9. Io: ©NASA/JPL/University of Arizona
10. Europa: ©NASA/JPL-Caltech/SETI Institute
11. Saturn: ©NASA/JPL/Space Science Institute
12. Pan: ©NASA/JPL-Caltech/Space Science Institute
13. Enceladus, satelit al lui Saturn ©NASA/JPL/ SpaceScience Institute
14. Titan, satelit al lui Saturn: ©ESA/NASA/JPL/ University of Arizona; procesată de Andrey Pivovarov
15. Pluto: ©NASA/JHUAPL/SwRI

# Index

O



P



R



S